Subhashini Devi Prattipati

# Antioxidantes e seu papel durante a micropropagação de Sterculia urens

Subhashini Devi Prattipati

# Antioxidantes e seu papel durante a micropropagação de Sterculia urens

## Estudos sobre Espécies Reactivas de Oxigénio e Antioxidantes durante a propagação in vitro e aclimatação de Sterculia urens Roxb

ScienciaScripts

**Imprint**



Cover image: www.ingimage.com

This book is a translation from the original published under ISBN 978-620-2-30339-2.

Publisher:
Sciencia Scripts
is a trademark of
Dodo Books Indian Ocean Ltd. and OmniScriptum S.R.L publishing group

120 High Road, East Finchley, London, N2 9ED, United Kingdom
Str. Armeneasca 28/1, office 1, Chisinau MD-2012, Republic of Moldova, Europe
Managing Directors: Ieva Konstantinova, Victoria Ursu
info@omniscriptum.com

Printed at: see last page
**ISBN: 978-620-8-57608-0**

# ÍNDICE


| | |
|---|---|
| **CAPÍTULO 1** | **5** |
| **CAPÍTULO 2** | **18** |
| **CAPÍTULO 3** | **24** |

# ABREVIATURAS

| | | |
|---|---|---|
| BAP | : | 6-benzyl adenine |
| CAT | : | Catalase |
| $GA_3$ | : | Gibberellic acid |
| $H_2SO_4$ | : | Sulfuric acid |
| IBA | : | Indole-3-butyric acid |
| KIN | : | Kinetin |
| MS | : | Murashige and Skoog |
| NAA | : | Naphthalene acetic acid |
| POD | : | Peroxidase |
| PPO | : | Polyphenol oxidase |
| PAGE | : | Poly acrylamide gel electrophoresis |
| ROS | : | Reactive Oxygen Species |
| SOD | : | Superoxide dismutase |
| SDS | : | Sodium Dodecyl Sulphate |
| TDZ | : | Thidiazuron |
| µg | : | micro grams |
| µl | : | microlitre |
| mg | : | milligrams |
| ml | : | milliliter |
| mM | : | millimolar |
| 2, 4-D | : | 2,4-Dichloro phenoxy acetic acid |
| RC | : | Regenerating callus |
| NRC | : | Non-regenerating callus |
| $H_2O_2$ | : | Hydrogen peroxide |
| O D | : | Optical density |

# INTRODUÇÃO GERAL

*A Sterculia urens* é uma árvore de tamanho médio da família Sterculiaceae que cresce nas florestas de folha caduca dos distritos indianos de Andhra Pradesh (AP), Madhya Pradesh (MP), Rajasthan e Uttar Pradesh (UP). A árvore ocorre normalmente em florestas rochosas secas e está frequentemente associada à *Boswellia serrata*. É útil para o revestimento de terrenos nus e rochosos. A karaya é também conhecida pelo nome de tragacanto indiano, pois assemelha-se geralmente à goma trangacanto obtida de espécies de *Astragalus* (Anónimo, 1992). O tragacanto é produzido nos países do sudoeste asiático, enquanto a goma karaya é quase inteiramente produzida na Índia.

A goma é muito procurada tanto dentro como fora da Índia. A goma tem numerosas aplicações industriais. A goma karaya é amplamente utilizada em várias indústrias totalmente não relacionadas devido às suas propriedades como a absorção de água, absorção de humidade, formação de gel e película, capacidade de adesão. É altamente resistente à hidrólise por ácidos suaves e à degradação pela maioria dos microorganismos. É utilizado como agente espessante na indústria têxtil, como aglutinante de pasta na indústria do papel, no fabrico de material de fibra de colagénio e na preparação de laxantes a granel (Howes, 1949; Hervey, 1963, patente dos EUA; Klose e Glickman, 1972; Whistler, 1973).

O desbaste comercial da karaya é efectuado com um machado, por meio de queimadura, descascamento ou cortes profundos na base do tronco. O objetivo dos vários métodos de desbaste é obter um rendimento máximo de goma. Mas o arranque das árvores tem um impacto importante na saúde da árvore (Fernandez, 1964) e acredita-se que um arranque pesado prejudica a fertilidade das sementes e, portanto, a regeneração (Howes, 1949). Por conseguinte, a desponta deve ser efectuada com o menor prejuízo possível para a saúde das árvores. Estes métodos são prejudiciais para as árvores, levando-as frequentemente à morte. Devido aos métodos grosseiros de extração de madeira e à exploração excessiva, a população de árvores de karaya diminuiu acentuadamente. Na ausência de cultivo das árvores em plantações regulares, existe uma grande preocupação quanto à perda de germoplasma selvagem de *Sterculia urens*. O Governo de MP, Rajastan e UP impôs uma proibição de extração e recolha de goma karaya para permitir a recuperação e regeneração da árvore (Nair *et al.*, 1995).

Nas plantas, são constantemente produzidas espécies reactivas de oxigénio (ROS), como o radical superóxido ($O_2^-$), o peróxido de hidrogénio ($H_2O_2$) e o oxigénio singlete ($O_2^1$). No entanto, a produção descontrolada de ROS pode causar danos celulares diretamente ou através da formação de substâncias tóxicas secundárias (Benson, 2000b). As plantas desenvolveram um sistema antioxidante complexo para se protegerem contra esses danos oxidativos (Larson, 1988). O sistema de proteção antioxidante inclui enzimas como a superóxido dismutase (SOD), a catalase (CAT) e a peroxidase (POD), bem como substratos de baixo peso molecular, como o ascorbato (AA), a glutationa (GSH) e o α-tocoferol, que eliminam tanto os radicais como as espécies de oxigénio não radicais que lhes estão associadas.

A produção excessiva de espécies reactivas de oxigénio (ERO) na célula é definida como stress oxidativo e é um fenómeno comum nas plantas quando estas são expostas a condições ambientais stressantes, como a seca, uma intensidade luminosa elevada ou a cultura *in vitro* (Price *et al.*, 1989; Scandalios, 1990; Cassells e Curry, 2001). Foi proposto que o stress oxidativo, resultante do desequilíbrio entre a produção de ROS e a capacidade antioxidante das células, contribui para a recalcitrância dos protoplastos das plantas (Cutler *et al.*, 1991; Roubelakis-Angelakis, 1993).

# CAPÍTULO 1

## Papel dos anti-oxidantes na regeneração

### 1.1. Introdução

As células vegetais possuem sistemas bem desenvolvidos para regular o nível de espécies reactivas de oxigénio (ROS). A produção excessiva de ROS na célula é definida como um stress oxidativo. Têm um efeito prejudicial no metabolismo, no crescimento e no desenvolvimento das células devido à sua capacidade de iniciar cascatas de reacções que resultam na produção de espécies químicas tóxicas, como os radicais hidroxilo e os peróxidos lipídicos, que conduzem à disfunção e à morte das células (Bowler *et al.*, 1992). Para regular o nível de ERO, as células vegetais desenvolveram um sistema complexo de enzimas antioxidantes (Alscher *et al.*, 1997).

Em condições normais de cultura de tecidos, muitas espécies de plantas não respondem às manipulações culturais (Benson, 2000a). Este fenómeno, designado por recalcitrância *in vitro*, tem sido atribuído a vários factores, incluindo incompetência celular e necrose, etc. Os três problemas comuns que explicam a incapacidade de os tecidos vegetais responderem às manipulações culturais para obterem os resultados desejados (Benson, 2000a) são: (1) escurecimento/necrose das células/tecidos transformados, (2) fuga de rebentos na transgénese e (3) recalcitrância *in vitro*, o que limita severamente o número de plantas transgénicas que podem ser regeneradas. Embora aparentemente não relacionados, a investigação recente está a começar a desvendar um fator comum subjacente a estes problemas, a produção de ROS, que pode causar a inibição do crescimento, a morte celular ou alterar as vias metabólicas das plantas, conduzindo a uma regeneração deficiente das plantas e à produção de rebentos que escapam.

Verificaram-se níveis mais elevados de atividade dos radicais livres em genótipos recalcitrantes de batata e uva, bem como em calos não embriogénicos de arroz e cenoura, quando comparados com genótipos receptivos e calos embriogénicos, respetivamente (Benson e Roubelakis-Angelakis, 1992, 1994; Bailey *et al.*, 1994; Bremner *et al.*, 1997; Deighton *et al.*, 1997). A produção de radicais livres pode levar a um aumento da peroxidação lipídica e, subsequentemente, ter um efeito negativo na capacidade morfogenética das culturas de tecidos vegetais (Benson, 2000b). A melhoria do crescimento e da regeneração estimulada por antioxidantes apoia ainda mais a relação entre o stress oxidativo e a recalcitrância (Earnshaw e Johnson, 1987; Joy *et al.*, 1988; Creemers - Molenaar e Van Oort, 1990).

A alteração das actividades das enzimas antioxidantes durante as diferentes fases da organogénese de rebentos (Franck *et al.*, 1998, Chen e Ziv, 2001), embriogénese somática (Cui *et al.*, 1999) e aclimatação *ex vitro* de plantas regeneradas (Van Huyenbroeck *et al.*, 2000) tem vindo a ganhar importância nos últimos anos.

As plantas possuem vários mecanismos para se protegerem das espécies reduzidas de oxigénio. A proteção contra o stress oxidativo é complexa e inclui componentes enzimáticos e não enzimáticos.

## 1.2. Espécies reactivas de oxigénio (ROS)

Recentemente, foram realizadas numerosas experiências em várias espécies vegetais com o objetivo de explicar o papel do stress oxidativo na morfogénese das plantas (Siminis *et al.*, 1994; Cui *et al.*, 1999; Papadakis *et al.*, 1999, 2001; Papadakis e Roubelakis-Angelakis, 2002). Uma possível ligação entre o stress oxidativo e a regeneração de plantas em cultura de tecidos pode ser o peróxido de hidrogénio ($H_2O_2$). Esta molécula é um subproduto das vias metabólicas normais que ocorrem nos cloroplastos, mitocôndrias, peroxissomas e citoplasma (Dat *et al.*, 2000; Mittler, 2002).

Papadakis *et al.* (2001) verificaram que o aumento da acumulação de $O_2$ e $H_2O_2$ durante o isolamento e a cultura de protoplastos de tabaco foi acompanhado por uma diminuição da viabilidade e da eficiência do plaqueamento e por uma correlação direta entre o aumento das ERO e a expressão reprimida da totipotência. As espécies reactivas de oxigénio podem também ter um papel positivo no crescimento e desenvolvimento das plantas (Tian *et al.*, 2003). Foi também demonstrado um papel duplo para o $H_2O_2$ na regeneração de protoplastos (De Marco e Roubelakis-Angelakis, 1996).

Recentemente, descobriu-se que o $H_2O_2$ não é apenas um agente prejudicial, mas também actua como mensageiro celular capaz de induzir a expressão de genes e a síntese de proteínas (Vranova *et al.*, 2002). Sabe-se que induz uma série de genes e proteínas envolvidos nas defesas contra o stress. Recentemente, foi estabelecida uma ligação entre a produção de ROS e a fisiologia do desenvolvimento das plantas. Foi observada uma elevada produção de ROS na zona de expansão da folha de milho e uma certa concentração de $H_2O_2$ é necessária para o alongamento da folha (Rodriguez *et al.*, 2002). A capacidade do $H_2O_2$ de se difundir através das membranas celulares e de ser produzido naturalmente torna-o adequado para atuar como molécula sinalizadora na função celular (Tian *et al.*, 2003).

## 1.3. Antioxidantes enzimáticos

**Superóxido dismutase (SOD):** A enzima chave no mecanismo de defesa é a SOD, que é a primeira enzima no processo de desintoxicação que converte os radicais $O_2$ em $H_2O_2$. Em algumas condições anormais, como o stress hídrico (Synkova e Valcke, 2001), a seca e o stress por congelação (Wu *et al.*, 1999; Li *et al.*, 2006; Prashanth *et al.*, 2008), o stress térmico (Sala e Lafuente, 1999) e a preparação da cultura de tecidos (Zheng *et al.*, 2005), pode ser induzida a produção de ROS. Isto leva a um aumento das actividades da SOD e da CAT, a fim de diminuir a concentração de ROS e proteger a célula (Zheng *et al.*, 2005). Os calos segregaram enzimas antioxidantes como a SOD e a CAT durante a diferenciação de calos em

*Acanthophyllum sordidum* (Meratan *et al.*, 2009). Tian *et al* (2003) demonstraram que as enzimas antioxidantes estavam envolvidas no processo de organogénese de rebentos em calos de morangueiro, onde a atividade da SOD aumentou durante a organogénese. Além disso, as ROS podem causar a oxidação da membrana celular e destruir a sua função. Algumas macromoléculas biológicas, como a clorofila, as proteínas e o ADN, também são oxidadas e podem levar à morte da planta em condições de stress.

**Peroxidase (POD):** A peroxidase existe como isoenzimas com perfis de expressão diversos. Participam em vários processos fisiológicos, tais como a lenhificação, a suberização, o catabolismo da auxina, a cicatrização de feridas e o mecanismo de defesa contra a infeção por agentes patogénicos. Considera-se que as peroxidases das plantas no espaço apoplástico catalisam a geração de radicais oxil aromáticos a partir de vários compostos aromáticos (Takahama e Yoshitama, 1998), e a produção dependente da peroxidase de tais radicais orgânicos resulta frequentemente na geração de ROS (Kagan *et al.*, 1990). Atualmente, tem sido publicado um número crescente de estudos sobre as ERO dependentes da peroxidase, todos eles examinando e confirmando repetidamente o papel da peroxidase na transdução de sinais oxidativos que conduzem ao controlo da homeostase redox e do $Ca^{2+}$, dos movimentos estomáticos, da expressão de genes relacionados com a defesa, das respostas gravitacionais, da plasticidade da parede celular e do alongamento celular nas plantas.

A atividade da peroxidase como um todo está envolvida na regulação dos processos de crescimento através do controlo do nível de auxina endógena e da participação na inibição do crescimento através da regulação da rigidificação e lenhificação da parede celular (Gaspar *et al.*, 1985). A atividade da POD em culturas de suspensão de células de luzerna foi relatada por Hrubcova *et al* (1994).

**Catalase (CAT):** A catalase é uma enzima tetramérica contendo heme que catalisa a dismutação do peróxido de hidrogénio em oxigénio e água. Esta enzima desempenha um papel central na proteção das células contra os efeitos tóxicos das ROS (Halliwell, 1974). No milho, três genes estruturais não ligados (CAT1-3) codificam três formas isoenzimáticas distintas de catalase (Roupakias *et al.*, 1980). A expressão de cada gene é regulada em termos de desenvolvimento e espaço ao longo do ciclo de vida do milho e a expressão do gene responde a stresses ambientais impostos (Scandalios, 1987). A catalase tem muitas formas isoenzimáticas e existe uma especificidade requintada de tecido e célula dessas isozimas. Foi observado um aumento da atividade da CAT durante a organogénese de rebentos em calos de morangueiro (Tian *et al.,*

2003). Resultados semelhantes foram observados em *Gladiolus hybridus* Hort, por Gupta e Datta (2003) e em *Acanthophyllum sordidum* por Meratan *et al* (2009). Estes resultados sugerem o seu mecanismo de eliminação eficaz para remover $H_2O_2$ produzido em rebentos regenerados.

**Polifenol oxidase (PPO):** A polifenol oxidase (PPO) catalisa a oxidação dos polifenóis e a hidroxilação dos monofenóis (Rivero *et al.*, 2001) e a lenhificação das células vegetais. Estudos recentes indicaram que as enzimas oxidantes de fenol podem participar na resposta à reação de defesa e à hipersensibilidade na indução da resistência das plantas ao stress biótico e abiótico (Jouili e E Ferjani, 2003; Jung, 2004). Wei Tang *et al* (2005) verificaram um aumento da peroxidação lipídica e da PPO e uma diminuição das actividades das enzimas antioxidantes ascorbato peroxidase (APOD), glutationa redutase (GR) e SOD nos calos que escureceram, em comparação com os calos que não escureceram em pinheiro da Virgínia (*Pinus virginiana* Mill.). Este estudo indica que o escurecimento dos tecidos diminui seriamente a regeneração *in vitro* de culturas de calos de plantas lenhosas.

## 1.4. Antioxidantes não enzimáticos

Os fenólicos vegetais incluem uma grande diversidade de compostos como os fenólicos simples, as cumarinas, os flavonóides, os taninos e a lenhina. Estes compostos são considerados produtos do metabolismo secundário das plantas. Níveis mais elevados de ácidos fenólicos livres no NRC, especialmente o ácido vanílico, podem participar na regulação endógena da dormência do embrião e no seu desenvolvimento posterior através da modificação do metabolismo do ácido indol-3-acético (Cvikrova *et al.*, 1998). Foram encontrados relatórios semelhantes em NEC de carvalho (Cvikrova *et al.*, 1998). Um teor elevado de fenol durante as fases iniciais da cultura pode estar associado ao escurecimento, que em última análise tem um impacto na sobrevivência dos tecidos (Dalal *et al.*, 1992).

## 1.5. Preparação do material vegetal e indução de calos

Sementes sadias foram coletadas e tratadas com ácido sulfúrico concentrado por um minuto, lavadas cuidadosamente com água corrente da torneira e com Teepol 5% (w/v) por 10 minutos, seguido de tratamento com Bavistin (1%) um fungicida comercial por 5 minutos. Em seguida, as sementes foram esterilizadas superficialmente com 0,1% (w/v) $HgCl_2$ por 5 minutos. Lavadas cuidadosamente com água destilada estéril e embebidas durante 24 horas. Após 10-15 dias, os nós cotiledonares foram excisados e inoculados em meio MS basal suplementado com 0,5 BAP + 2NAA (mg/lit), 0,5 BAP + 4NAA (mg/lit) e 0,5 BAP + 6NAA (mg/lit).

**Condições de cultura**

Todas as culturas foram incubadas a 25±2$^0$C com fotoperíodo de 16/8 horas e 60% de humidade relativa. A intensidade da luz de 40-50 µmol m$^{-2}$ s$^{-1}$ foi fornecida através de tubos fluorescentes brancos e frios.

Os explantes do nó cotiledonar mostraram uma formação proeminente de calos a partir de extremidades cortadas com rebentos múltiplos (RC) em 10-15 dias em meio MS basal suplementado com 0,5BAP+2NAA (mg/lit; Fig. 1.1) e 0,5BAP+4NAA (mg/lit). Enquanto que os segmentos do nó cotiledonar mostraram apenas a formação de calos a partir de extremidades cortadas sem rebentos em 0,5 BAP+6NAA (mg/lit; Fig. 1.2). Após subculturas posteriores no mesmo meio, houve mais calosidades sem rebentos (NRC; Fig. 1.2)

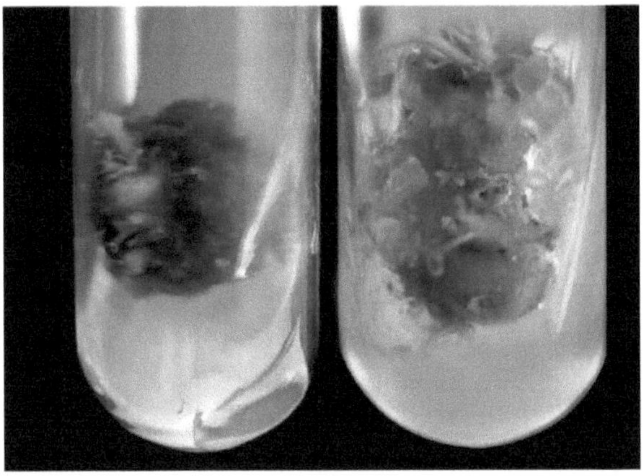

**Fig 1.1:** Calos em regeneração com 15 e 30 dias de idade em MS+0,5BAP+2 NAA (mg/lit).

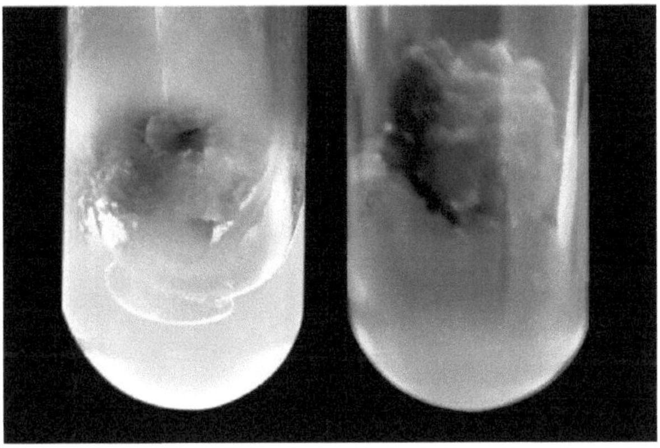

Fig 4.2: Calos não regenerantes de 15 dias e 30 dias de idade em MS+0,5BAP+6 NAA (mg/lit).

**Análise bioquímica:** O calo de 15 dias com rebentos germinados foi considerado como regenerante e sem rebentos como não regenerante. O calo de 30 dias com um maior aumento do número de rebentos e do comprimento dos rebentos foi considerado regenerante (RC) e sem rebentos mas com um aumento do tamanho do calo foi considerado não regenerante (NRC).

**Preparação do extrato**

**Reagentes utilizados (Apêndice):** Tampão fosfato (0,1M, pH 7,6), EDTA (0,1mM)

Cerca de 1gm de cada calo regenerante (RC) e não regenerante (NRC) de 15 dias e 30 dias de idade foi homogeneizado separadamente com 2,0 ml de tampão fosfato pré-resfriado (0,1M, $P^H$ 7,6), contendo EDTA 0,1mM em almofariz e pilão resfriados. O homogenato foi espremido através de um pano de queijo de camada dupla e centrifugado (Sorvall Instrument RC5C, Rotor SS-34) a 16.000 rpm durante 15 minutos a $4^0$ C. O sobrenadante foi utilizado para o ensaio de superóxido dismutase (SOD), catalase (CAT), peroxidase (POD), poli fenol oxidase (PPO) e para anti-oxidantes não enzimáticos como fenóis totais, flavonóides e proteínas. O nó cotiledonar sem resposta foi utilizado como controlo.

## 1.6. Ensaio de anti-oxidantes enzimáticos

**Ensaio da superóxido dismutase:** O ensaio da superóxido dismutase foi efectuado pelo método de Beauchamp e Fridovich (1976) com base na redução do cloreto de nitroblue tetrazolium (NBT).

**Reagentes: (Apêndice):** Cloridrato de hidroxilamina (ImM), EDTA (0,1mM), cloreto de nitroblue tetrazolium (NBT) (24 μM) e carbonato de sódio (125mM).

**Procedimento:** A 0,5 ml de extrato, foram adicionados 1 ml de carbonato de sódio, 0,4 ml de NBT e 0,2 ml de EDTA. A reação foi iniciada pela adição de 0,4 ml de cloridrato de hidroxilamina. A absorvância no tempo zero foi obtida a 560 nm utilizando um espetrofotómetro (Hitachi, Alemanha), registando-se em seguida a absorvância após um minuto a 25 °C. O controlo foi efectuado simultaneamente sem extrato de planta. A atividade da SOD foi expressa como a quantidade de enzima necessária para inibir a redução do NBT em 50%. Cada experiência tem três réplicas e a experiência foi repetida três vezes.

**Ensaio da catalase:** A atividade da catalase foi avaliada pelo método titulométrico descrito por Radha Krishnan e Sharma (1963).

**Reagentes: (Apêndice):** Tampão fosfato (0,1M pH 7,5), Peróxido de hidrogénio (v/v) (0,9%), Ácido sulfúrico (2 N) e Permanganato de potássio (0,1M).

**Procedimentos:** 2,5 ml de tampão fosfato 0,1M e 2,5 ml de $H_2O_2$ 0,9% (v/v) no mesmo tampão foram tomados e 0,5 ml do extrato da planta foi adicionado e incubado à temperatura ambiente durante 3 min. A reação foi então interrompida pela adição de 0,5 ml de ácido sulfúrico 2N e o peróxido de hidrogénio residual foi titulado com solução de permanganato de potássio 0,1N. Foi efectuado um ensaio em branco de forma semelhante com extrato enzimático fervido. Cada experiência tem três réplicas e a experiência foi repetida três vezes.

**Ensaio da peroxidase:** A atividade da peroxidase foi avaliada espectrofotometricamente (Shimadzu UV-265, espetrofotómetro de registo UV-visível) com O-dianisidina como dador de hidrogénio (Shannon *et al.,* 1966; Sadasivam e Manickam, 1966).

**Reagentes (Apêndice):** O-dianisidina (1mg/ml), $H_2O_2$ (0,2M), Tampão fosfato (0,1M, pH 6,5).

**Procedimento:** A 3,5 ml de tampão fosfato ($P^H$ 6,5) numa cuvete limpa e seca, foram adicionados 0,2 ml de extrato enzimático e 0,1 ml de solução de O-dianisidina recentemente preparada. A mistura de ensaio foi levada à temperatura ambiente ($30\pm2^0C$). A cuvete foi colocada no espetrofotómetro a 430 nm. Em seguida, adicionou-se 0,2 ml de $H_2O_2$ 0,2 M e misturou-se. A alteração da absorvância foi registada em de 30 em 30 segundos até 3 minutos. O tampão fosfato foi utilizado como branco. Cada experiência tem três réplicas e a experiência foi repetida três vezes.

**Ensaio de polifenol oxidase:** A atividade da polifenol oxidase foi medida pelo método modificado de Bateman (1967), Sadasivam e Manickam (1996).

**Reagentes: (Apêndice):** Tampão fosfato (0,1M, pH 6,5), Catecol (0,01 M)

**Procedimento:** Para o ensaio enzimático, foram tomados 2,5 ml de tampão fosfato 0,1 M $P^H$ 6,5 e adicionados 0,3 ml de solução de catecol (0,01M). Imediatamente após a adição de 0,2 ml de extrato enzimático, registou-se a alteração da absorvância de 30 em 30 segundos, até 5 minutos, a 495 nm. O tampão fosfato foi utilizado como branco. Cada experiência tem três réplicas e a experiência foi repetida três vezes.

## 1.7. Estimativa dos antioxidantes não enzimáticos

Os teores de fenóis e flavonóides foram estimados na RC e NRC pelos seguintes métodos.

**Conteúdo fenólico total:** O teor de fenólicos totais foi determinado espectrofotometricamente pelo método descrito por Sadasivam e Manickam (1996).

**Reagentes: (Apêndice):** Reagente de Folin-ceocalteau, $NaCO_3$ (7,5%), estoque de ácido gálico (1mg/ml), padrão de trabalho de ácido gálico (100 μg/ml)

**Procedimentos:** Uma curva de calibração foi construída usando solução padrão de ácido gálico (250/μg/ml). A 2ml de extrato de fenol foi adicionado 1,0 ml de reagente Folin Ceocalteau. Após 3 minutos, foram adicionados 13 ml de água destilada. Mais tarde, foram adicionados 2 ml de solução de carbonato de sódio (7,5%) e o volume foi ajustado para 20 ml. A mistura acima referida foi mantida durante 1 hora para o desenvolvimento da cor e a absorvância foi registada a 630 nm. A concentração de fenóis totais em RC e NRC foi calculada a partir da curva de calibração do ácido gálico e foi expressa como equivalentes de ácido gálico/grama de peso fresco. Cada experiência tem três réplicas e a experiência foi repetida três vezes.

**Flavonóides totais:** O teor de flavonóides totais foi medido pelo ensaio colorimétrico de cloreto de alumínio descrito por Marinova *et al* (2005)

**Reagentes (Apêndice):** $NaNO_2$ (5%), $AlCl_3$ (10%), NaOH (1M), estoque de catequina (1mg/ml) e padrão de trabalho de catequina (250μg/ml).

**Procedimentos:** Uma curva de calibração foi construída usando solução padrão de catequina

(250µg/ml). 1 ml de extrato de planta foi adicionado a um balão volumétrico de 10 ml contendo 4 ml de água destilada. À mistura acima, foi adicionado 0,3 ml de $NaNO_2$ a 5%. Após 5 minutos, adicionou-se 0,3 ml de AICI3 a 10%. Aos 6 minutos, foram adicionados 2 ml de NaOH 1 M e o volume foi completado para 10 ml com água destilada. A solução foi bem misturada e a absorvância foi medida a 510 nm em relação ao branco de reagente preparado. Cada experiência tem três réplicas e a experiência foi repetida três vezes.

**Análise estatística**

Em todas as experiências, sempre que necessário, foi utilizado um desenho aleatório completo e os dados foram submetidos a uma análise de variância (ANOVA) unidirecional utilizando o software Minitab 15. Foi utilizado um nível de significância de 0,05 para todos os testes estatísticos.

## 1.8. Resultados do estudo

A análise bioquímica de RC e NRC com 15 dias e 30 dias de idade mostrou níveis elevados de antioxidantes enzimáticos e não enzimáticos quando comparados com o controlo. A atividade enzimática foi expressa como alteração na absorvância por unidade de tempo. A diferença de DO de 0,1 foi considerada como uma unidade de atividade enzimática. A atividade das proteínas, fenóis e flavonóides foi expressa em mg/g de peso fresco de tecido.

Os níveis de POD de RC e NRC com 15 dias de idade aumentaram para 223,0 unidades/mg de proteína$^{(-1)}$/min$^{-1}$ e 145,7 unidades/mg de proteína$^{(-1)}$/min$^{-1}$, respetivamente, quando comparados com o controlo (24,2 unidades/mg de proteína$^{(-1)}$/min$^{-1}$). Níveis ainda elevados foram observados em RC e NRC com 30 dias de idade (Tabela 1.0; Fig1.3). Mas o RC com iniciais de rebentos (30 dias de idade) apresentou maior conteúdo (556,5 unidades/mg de proteína$^{(-1)}$/min$^{-1}$) de POD quando comparado com o NRC.

Os níveis de CAT de RC e NRC com 15 dias de idade registaram um aumento de 416,6 unidades/mg de proteína$^{-1}$/min$^{-1}$ e 357,1 unidades/mg de proteína$^{-1}$/min$^{-1}$, respetivamente, quando comparados com o controlo (285,7 unidades/mg de proteína$^{-1}$/min$^{-1}$) e um aumento adicional em RC com 30 dias de idade (488,2 unidades/mg de proteína$^{-1}$/min$^{-1)}$. Os valores correspondentes no NRC, no entanto, mostraram uma diminuição (Tabela 1.0; Fig. 1.4).

Os níveis de SOD de RC e NRC com 15 dias de idade aumentaram para 2,7 unidades/mg de proteína$^{-1}$Zmin$^{-1}$ e 3,0 unidades/mg de proteína$^{-1}$/min$^{-1}$ respetivamente quando comparados com o controlo (1,1unidades/mg de proteína$^{-1}$/min$^{-1}$). O CR e o NRC com 30 dias de idade registaram um aumento adicional da SOD (Tabela 1.0; Fig. 1.5). O CR com iniciais de rebentos (30 dias de idade) demonstrou níveis mais elevados (4,5 unidades/mg de proteína$^{-1}$/min$^{-1}$) de SOD quando comparado com outros calos.

Por outro lado, os níveis de PPO de RC e NRC com 15 dias de idade registaram um aumento de 9,0 unidades/mg de proteína$^{-1}$/min$^{-1}$ e 6,6 unidades/mg de proteína$^{-1}$/min$^{-1}$, respetivamente, quando comparados com o controlo (5,8 unidades/mg de proteína$^{(1)}$/min$^{-1}$), mas diminuíram em RC e NRC com 30 dias de idade (Quadro 1.0; Fig. 1.6).

Os níveis de fenóis totais também aumentaram em 15 dias (100 µg/g de tecido) e 30 dias (120 µg/g de tecido) de idade NRC quando comparados com RC (50 µg/g de tecido) e controlo (50 µg/g de tecido, Tabela 1.0; Fig1.7). Os níveis de flavonóides também aumentaram em RC com 15 dias de idade (300 µg/g de tecido), mas diminuíram para 250 µg/g de tecido em calos com 30 dias de idade, em comparação com o controle (255 µg/g de tecido), onde, como em NRC, os níveis aumentaram em calos com 30 dias (300 µg/g de tecido) do que 15 dias (250 µg/g de tecido) calos (Tabela 1.0; Fig1.8).

**Tabela 1.0: Atividade das enzimas antioxidantes, proteínas, fenóis e teor de flavonóides no controlo, RC e NRC de calos de *Sterculia urens* com 15 e 30 dias de idade**

| | | units/min/mg protein(±S.E) | | | | mg/g(±S.E) | | |
|---|---|---|---|---|---|---|---|---|
| | | **POD** | **CAT** | **SOD** | **PPO** | **Proteins** | **Phenols** | **Flavonoids** |
| | Control | $24.7\pm0.32^{e}$ | $285.6\pm0.34^{d}$ | $1.1\pm0.00^{e}$ | $5.7\pm0.06^{c}$ | $70\pm0.57^{b}$ | $51\pm0.57^{c}$ | $254.3\pm0.66^{b}$ |
| Days*Callus Type | 15*RC | $223.7\pm0.46^{c}$ | $416.8\pm0.56^{b}$ | $2.7\pm0.06^{d}$ | $9.0\pm0.03^{a}$ | $101\pm0.57^{a}$ | $50.3\pm0.33^{c}$ | $301.6\pm0.88^{a}$ |
| | 30*RC | $556.7\pm0.62^{a}$ | $488.5\pm0.77^{a}$ | $4.5\pm0.06^{a}$ | $3.5\pm0.04^{d}$ | $101.6\pm1.2^{a}$ | $51.6\pm0.88^{c}$ | $251.6\pm0.88^{b}$ |
| | 15*NRC | $145.7\pm0.48^{d}$ | $357.5\pm0.45^{c}$ | $3.3\pm0.09^{c}$ | $6.6\pm0.08^{b}$ | $71\pm0.57^{b}$ | $100.3\pm0.33^{b}$ | $252\pm1.53^{b}$ |
| | 30*NRC | $377.6\pm0.44^{b}$ | $221.2\pm0.47^{e}$ | $3.7\pm0.05^{b}$ | $3.3\pm0.04^{d}$ | $61.6\pm0.88^{c}$ | $121\pm0.57^{a}$ | $302\pm1.53^{a}$ |

RC: calo em regeneração; NRC: calo não em regeneração

*Cada valor representa a média ± E.S. de três réplicas

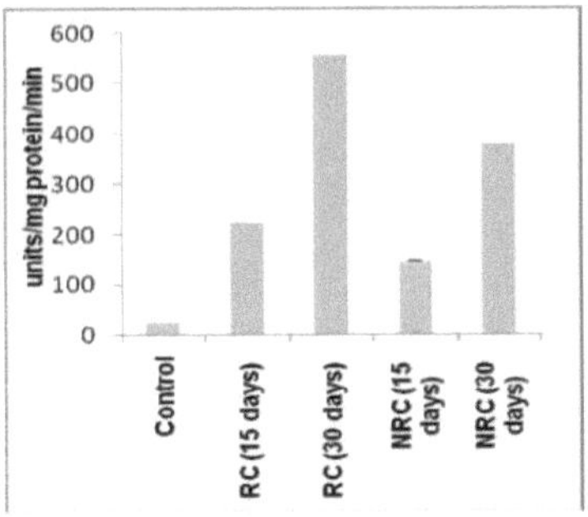


**Fig 1.3:** Níveis de peroxidase no CR e NRC de calos com 15 dias e 30 dias de idade

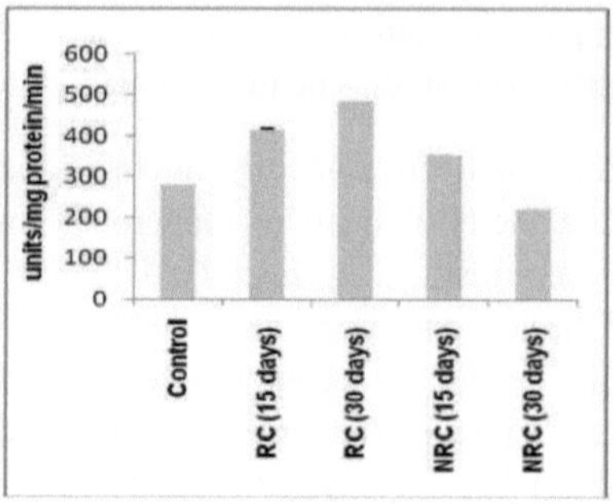


**Fig 1.4:** Níveis de catalase em RC e NRC de 15 dias e 30 dias de idade

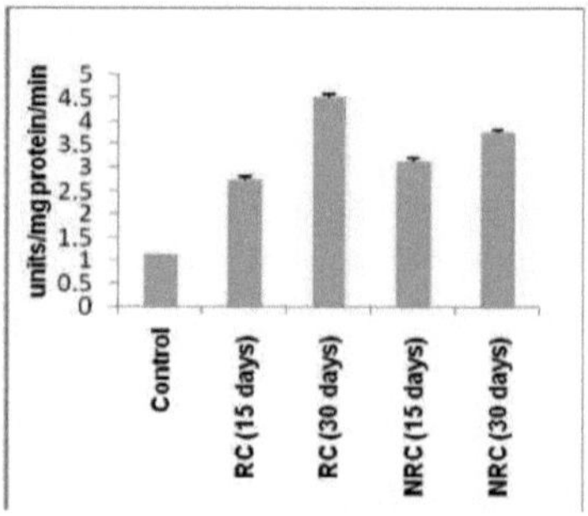


**Fig 4.5** Níveis de superóxido dismutase em calos RC e NRC com 15 dias e 30 dias de idade

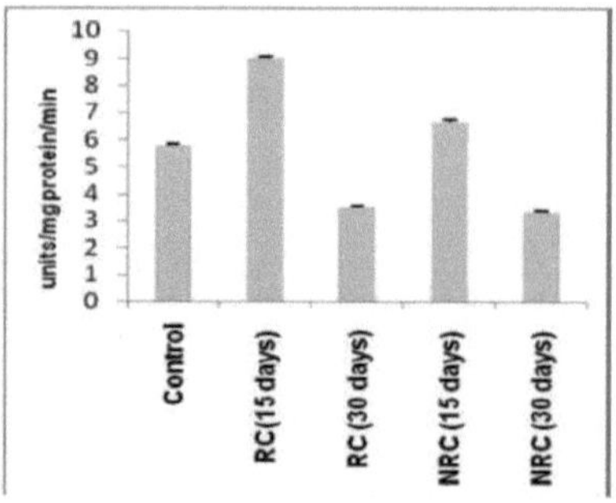


**Fig 4.6** Níveis de polifenol oxidase no RC e NRC de calos com 15 dias e 30 dias de idade

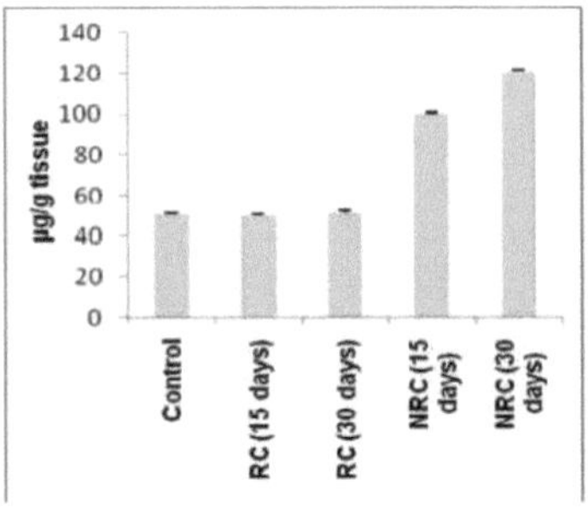


**Fig 4.8** Teores de fenol no RC e NRC de calos com 15 e 30 dias de idade

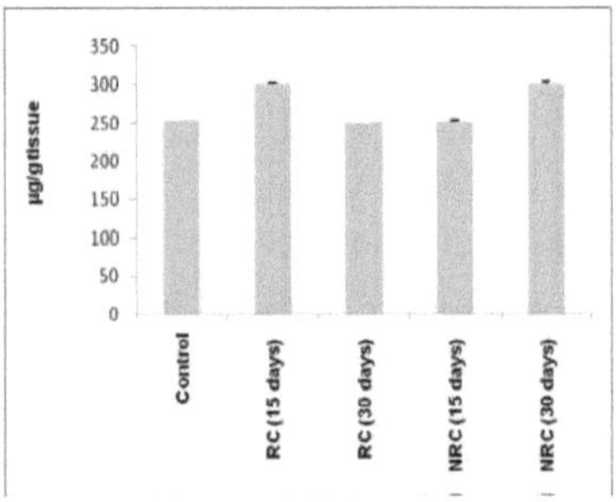


**Fig 4.9** Teores de flavonóides no RC e NRC de calos com 15 e 30 dias de idade

## 1.9. Interpretação dos resultados

Verifica-se um aumento das actividades da POD e da CAT nos rebentos do CR com 15 e 30 dias de idade do que no NRC. Foi registado um aumento da atividade da POD e da CAT durante a organogénese dos rebentos em *Prunus* (Franck *et al.,* 1995), *Solanum* (Kumar e Knowles, 1993) e *Gladiolus hybridus* Hort (Gupta e Datta, 2003). Os níveis de SOD registaram um aumento no CR, mas não tão proeminente como os níveis de POD e CAT. Relatos semelhantes com níveis aumentados de SOD e CAT foram observados durante a diferenciação de calos em *Acanthophyllum sordidum* (Meratan *et al.,* 2009) e em *Arachis hypogaea* (Zheng *et al.,* 2005). Sabe-se que a CAT e a POD desempenham um papel importante no crescimento e na diferenciação (Gaspar, 1995) e que a sua atividade pode ser correlacionada com o processo de diferenciação durante a organogénese. As células vegetais possuem sistemas bem desenvolvidos para regular o nível de ROS, e a concentração de ROS pode ser alterada por várias enzimas antioxidantes como a SOD, CAT e POD (Libik *et al.,* 2005). A SOD é a primeira enzima no processo de desintoxicação que converte os radicais $O_2$ em $H_2O_2$ e é produzida em grandes quantidades durante condições de stress para proteger a célula (Zheng *et al.*, 2005). A modificação da POD e da CAT pode afetar os níveis de hormonas endógenas que, consequentemente, afectam a proliferação celular e, assim, os processos de diferenciação.

Os níveis de PPO aumentaram durante os primeiros 15 dias de formação de calos, mas diminuíram tanto no CR como no NRC com 30 dias de idade. Foi registado um aumento da atividade da PPO durante as primeiras 3 semanas, seguido de uma diminuição da atividade no *pinheiro da Virgínia* (Tang e Newton, 2004). Este facto pode dever-se ao fraco ou nulo papel da PPO no crescimento e diferenciação das plantas em condições *in vitro*. Embora as PPO sejam omnipresentes nas angiospérmicas, as suas actividades foram induzidas na defesa das plantas contra agentes patogénicos e insectos e não em situações de stress *in vitro*. Os relatórios de Li e Steffens (2002) também não revelam qualquer papel da PPO na diferenciação de calos. O papel da PPO no mecanismo de defesa contra insectos e agentes patogénicos das plantas foi referido por Thipyapong *et al* (2004).

Os níveis de fenóis totais aumentaram no NRC dos calos com 15 e 30 dias de idade, mas não houve alteração no RC de ambas as idades. Foram observados relatos semelhantes de aumento do teor de fenóis em culturas de calos com 25 dias de durante o desenvolvimento de calos de morango (Tomas Lopez, 2001). Estes resultados sugerem que a acumulação de fenóis pode diminuir a capacidade de regeneração dos calos de *Sterculia urens*. Nakamura *et al* (1998) registaram resultados semelhantes, em que a acumulação de fenóis durante o desenvolvimento foi considerada paradoxal e inversamente correlacionada com o potencial de crescimento. No entanto, existem relatórios que sugerem que certos fenóis podem atuar como promotores de crescimento ou moduladores positivos.

Os flavonóides aumentaram nos CNR com 30 dias de idade em comparação com os CNR com 15 dias de idade, mas diminuíram nos CNR. Relatos semelhantes foram observados durante o desenvolvimento de calos de morango (Tomas Lopez, 2001). Também foi registado um aumento dos níveis de flavonóides durante as culturas de calos em *Momordica charantia* L por Mala Agarwal (2007). A acumulação de flavonóides durante a regeneração *in vitro* também foi registada em *Hypercum mysorense* por Shilpa shree (2009). Foi demonstrado que a presença de BAP no meio MS induz a produção de flavonóides em *Hypercum perforatum* (Dias *et al.,* 1998). O presente estudo mostrou uma acumulação de flavonóides em níveis mais elevados em culturas de calos de *Sterculia urens*. Este resultado sugere a possibilidade de produção de alguns metabolitos secundários importantes nesta fase das culturas de *Sterculia urens*.

## 1.10. Conclusão

A partir dos resultados acima referidos, concluímos que se desenvolveu um stress oxidativo durante as condições de cultura *in vitro* de *Sterculia urens*. Um desequilíbrio entre a produção de ROS e a capacidade antioxidante das células resultou na recalcitrância da regeneração da planta. Os baixos níveis de POD, CAT e também de SOD nas culturas de calos resultaram na acumulação de espécies reactivas de oxigénio e de radicais livres. Estes promovem a geração de peróxidos lipídicos que prejudicam o desenvolvimento celular. Assim, existe uma relação direta entre o aumento da atividade das enzimas antioxidantes e a presença de ROS em *Sterculia urens*. Um maior aumento da atividade da POD, CAT e SOD no rebento regenerado do que no calo não regenerado pode sugerir o seu mecanismo eficaz de eliminação de $H_2O_2$ produzido no rebento regenerado.

# CAPÍTULO 2

## Papel das proteínas e isoenzimas na regeneração de plantas

## 2.1. Introdução

Um dos parâmetros mais estudados na composição do calo foi o teor de proteínas (Blanco *et al.,* 1997, 1998). Os relatórios de Meratan *et al* (2009) sobre *Acanthophyllum sordidum* mostram um baixo teor de proteínas no calo e elevado no rebento regenerado. Com base na análise SDS-PAGE, foram observadas várias proteínas exclusivas do calo que estavam ausentes noutras amostras. Resultados semelhantes foram observados por Tian *et al* (2003). Oropeza *et al* (2001) encontraram níveis de proteína mais elevados em calos embriogénicos (CE) do que em calos não embriogénicos (NEC) de cana de açúcar cv. PR-62258 e por Nadina Nieves *et al* (2003) em cana-de-açúcar (*Saccharum* sp. var CP-5243). **Peroxidase (POD):** A peroxidase existe como isoenzimas com perfis de expressão diversos. Participam em vários processos fisiológicos, como a lenhificação, a suberização, o catabolismo da auxina, a cicatrização de feridas e o mecanismo de defesa contra a infeção por agentes patogénicos. Considera-se que as peroxidases das plantas no espaço apoplástico catalisam a geração de radicais oxil aromáticos a partir de vários compostos aromáticos (Takahama e Yoshitama, 1998), e a produção dependente da peroxidase de tais radicais orgânicos resulta frequentemente na geração de ROS (Kagan *et al.*, 1990). Atualmente, tem sido publicado um número crescente de estudos sobre as ERO dependentes da peroxidase, todos eles examinando e confirmando repetidamente o papel da peroxidase na transdução de sinais oxidativos que conduzem ao controlo da homeostase redox e do $Ca^{2+}$, dos movimentos estomáticos, da expressão de genes relacionados com a defesa, das respostas gravitacionais, da plasticidade da parede celular e do alongamento celular nas plantas.

A atividade da peroxidase como um todo está envolvida na regulação dos processos de crescimento através do controlo do nível de auxina endógena e da participação na inibição do crescimento através da regulação da rigidificação e lenhificação da parede celular (Gaspar *et al.*, 1985). A atividade da POD em culturas de suspensão de células de luzerna foi relatada por Hrubcova *et al* (1994).

## 2.2. Estimativa das proteínas

**Proteínas totais:** As proteínas totais foram estimadas pelo método de Lowry *et al* (1951) com albumina de soro bovino como padrão.

**Reagentes (apêndice):** Tampão fosfato (0,1M pH 7,6), reagente de cobre alcalino, reagente de fenol de folinas (1N), TCA (20%), NaOH (0,1N), estoque de proteína (1mg/ml), padrão de trabalho de proteína (100µg/ml)

**Procedimento**

**Preparação do extrato:** A 1,0 ml de sobrenadante retirado do extrato acima referido, foi adicionado 1 ml de 20%TCA. O sedimento foi lavado duas vezes com acetona e novamente centrifugado a 8000 rpm durante 5 min. O sobrenadante foi utilizado para a estimativa de fenóis e o sedimento foi dissolvido em 5 ml de NaOH 0,1 N. Este foi utilizado para a estimativa de proteínas. Este foi utilizado para a estimativa de proteínas.

**Procedimentos:** Um gráfico padrão foi construído tomando BSA padrão (10µg-100µg/ml). A 1 ml de extrato foram adicionados 5 ml de sulfato de cobre alcalino, bem misturados e incubados durante 30 minutos à temperatura ambiente. Em seguida, foi adicionado 0,5 ml de reagente Folin-ceocalteau. Os conteúdos foram misturados e deixados em repouso à temperatura ambiente durante 30 minutos. Em seguida, a absorvância foi medida a 660 nm. A quantidade de proteína no extrato foi determinada utilizando um gráfico padrão. Cada experiência tem três réplicas e a experiência foi repetida três vezes.

## 2.3. Análise das proteínas por SDS-PAGE

O perfil proteico das amostras RC, NRC e de controlo foi visualizado através da realização de eletroforese em gel.

**Preparação do gel e moldagem do gel:** O gel de poliacrilamida (12%) foi preparado de acordo com Laemmli (1970)

**Procedimento:**

> As placas de vidro e os espaçadores foram cuidadosamente limpos e secos e montados corretamente com grampos de fixação. As placas foram fixadas na posição vertical. Aplicou-se em seguida vaselina branca ou ágar a 2% (derretido num banho de água a ferver) à volta dos bordos dos espaçadores para os manter no lugar e selar a câmara entre as placas de vidro.

> A mistura de gel de separação (30 ml) foi preparada misturando o seguinte.

| | |
|---|---|
| Solução-mãe de acrilamida | 13,3 ml |
| Tris-HCl (pH 8,8) | 18,1 ml |
| Água | 18,1 ml |

Desgaseificou-se numa bomba de água durante 3-5 minutos e depois adicionou-se:

| | |
|---|---|
| Solução de persulfato de amónio | 0,2 ml |
| 10% SDS | 0,4 ml |
| TEMED | 20 µl |

> Após uma mistura suave, a solução de gel foi vertida na câmara entre as placas de vidro. A água destilada foi colocada sobre o gel e deixada em repouso durante 30-60

minutos.

> O gel de empilhamento (4%) foi preparado misturando as seguintes soluções (volume total de 10 ml)

| | |
|---|---|
| Solução de acrilamida de reserva | 1,35 ml |
| Tris-HCl | 1ml |
| Água | 1ml |
| Desgaseificar como acima referido, e depois adicionar | |
| Solução de persulfato de amónio (5%) | 50 μl |
| 10% SDS | 0,1 ml |
| TEMED | 10μl |

A água foi removida da parte superior do gel e lavada com um pouco de solução de gel de empilhamento. Verteu-se a mistura de gel de empilhamento e o pente foi colocado no gel de empilhamento, deixando-se endurecer (30-60 minutos).

> Depois de o gel de empilhamento ter polimerizado, o pente foi removido sem distorcer as formas do poço. O gel foi cuidadosamente

instalado no aparelho electroforético. O gel foi enchido com tampão de elétrodo e as bolhas de ar eventualmente retidas foram removidas da parte inferior do gel.

**Aplicação de amostras e eletroforese**

> A amostra de proteína (20μl) foi adicionada com um volume igual de tampão de amostra (0,125M, Tris.HCl; pH 6,8; 4% SDS; 10% sacarose; 10% β-mercaptoetanol e 0,01%, azul de bromofenol) e foi desnaturada por ebulição em banho-maria a 90°C durante 3 min. Após arrefecimento, as soluções de amostra foram cuidadosamente injectadas num poço de amostra através do tampão do elétrodo. Foram aplicados 20 μl de proteína marcadora padrão no tampão de amostra na primeira linha do gel.

> A corrente foi ligada a 10-15mA durante os primeiros 10-15 minutos até as amostras atravessarem o gel de empilhamento. Em seguida, a corrida continuou a 30 mA até o azul de bromofenol atingir o fundo do gel (cerca de 3 horas).

> Depois de terminada a corrida, o gel foi cuidadosamente retirado das placas de vidro e imerso na solução de coloração durante 3 horas/noite com agitação uniforme. As proteínas absorvem o azul brilhante de Coomassie.

> O gel foi transferido para um recipiente adequado com 300 ml de solução de descoloração e agitado suave e continuamente para que o corante não ligado às proteínas fosse removido. O destainer foi mudado frequentemente, durante os períodos

iniciais, até o fundo do gel ficar incolor. As proteínas fraccionadas em bandas apresentavam uma coloração azul.

> A posição da banda de proteínas no gel foi expressa para comparação com marcadores de proteínas padrão com peso molecular conhecido.

**Marcador de proteína padrão**

Foi preparado através da mistura de volumes iguais de albumina de soro bovino (67 kDa), tripsinogénio (24 kDa) e lisozima (14,6 kDa).

## 2.4. Análise do marcador isoenzimático da peroxidase (POD)

Para o ensaio das isozimas, foi efectuada uma análise em native-PAGE segundo um método modificado de Davis (1964), com géis de acrilamida a 10 % a 4 °C, sem SDS e mercaptoetanol. O padrão electroforético da POD foi obtido através da coloração dos géis com benzidina, de acordo com Van Loon (1971). Os géis foram imersos em tampão de acetato 0,2 M (pH 4,8) com 3 % de H2O2 e 4 % de benzidina em metanol a 50 % à temperatura ambiente até ficarem castanhos.

## 2.5. Resultados do estudo

Os níveis de proteína em RC com 15 dias (100 µg/g de tecido), bem como com 30 dias (110 µg/g de tecido) aumentaram quando comparados com NRC (60 µg/g de tecido) e controlo (70 µg/g de tecido, Tabela 1.0; Fig 2.0).

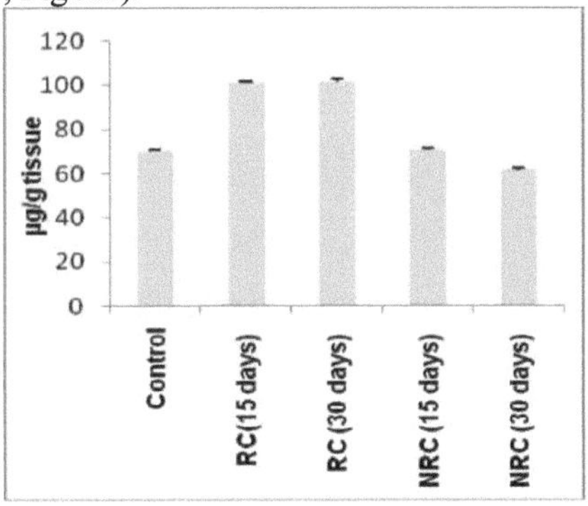


**Fig 4.7** Níveis de proteínas no CR e NRC de calos com 15 e 30 dias de idade

A análise SDS-PAGE revelou (Fig. 2.1) várias bandas de proteínas distintas no CR NRC, mas não nas amostras de controlo. Especificamente, foi observada uma acumulação de proteínas de 18 kDa a 13 kDa apenas no CR de calos com 30 dias de idade.

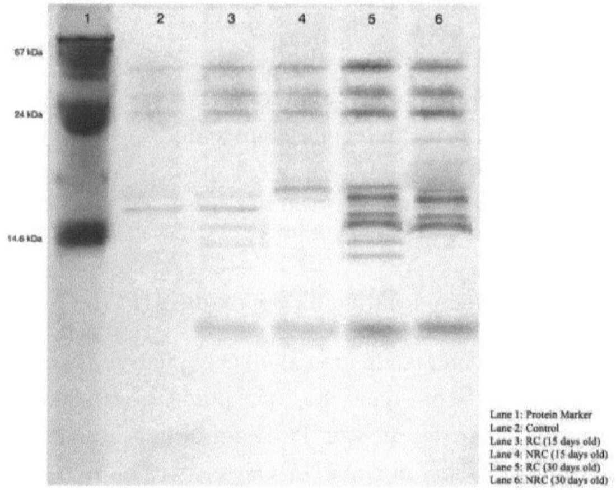


**Fig 2.1:** Padrão SDS-PAGE das proteínas no controlo, RC e NRC de *Sterculia urens*

Em PAGE não desnaturante, foi detectado um total de 6 isoformas de POD. A POD1 foi detectada no controlo, a POD2 no NRC e RC com 30 dias de idade, a POD3, POD4 e POD5 nas três amostras e a POD6 tanto no NRC como no RC com 15 e 30 dias. Mas a quantidade em calos com 30 dias de idade tanto do NRC como do RC foi elevada quando comparada com calos com 15 dias de idade. Bandas muito ténues no controlo indicam níveis baixos de peroxidases (2.2).

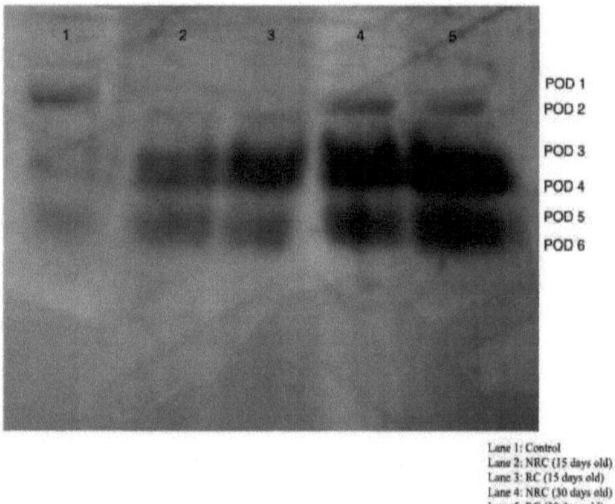


**Fig 2.2:** Coloração de atividade para POD no controlo, RC e NRC de *Sterculia urens*

## 2.6. Interpretação dos resultados

Foi observado um nível mais elevado de proteínas na RC do que na NRC. Resultados semelhantes foram registados na cana-de-açúcar (*Saccharum* sp. var CP-5243, Nadina Nieves, 2003), *Arachis hypogaea* (Zheng *et al.*, 2005), *Asteracantha longifolia* L.; Panigrahi *et al.*, 2007). Os níveis mais elevados de proteínas na RC de *Sterculia urens* podem dever-se a um aumento da expressão genética e da síntese de proteínas.

A organogénese a partir do calo é um processo muito complexo, acompanhado de uma variedade de expressão de genes e síntese de proteínas (Tian *et al.* 2003), em que o $H_2O_2$ pode desempenhar um papel importante (Libik *et al.*, 2005). Os resultados da análise PAGE indicaram uma expressão diferente de POD durante a regeneração de *Sterculia urens.* A ausência de POD1 em RC e NRC indica que não tem qualquer papel na diferenciação dos tecidos. A presença de POD6 tanto no CR como no NRC, mas a ausência no controlo, indica o seu papel na diferenciação dos tecidos. A presença de POD2 em RC e NRC de calos de 30 dias indica expressão em estágios posteriores de regeneração. As outras três isoformas POD3, POD4 e POD5 são normalmente expressas no controlo, bem como no CR e no NRC. Resultados semelhantes foram registados em *Crocus sativus* por Vatankhah *et al* (2010). Assim, sugerimos que o $H_2O_2$ endógeno pode induzir a organogénese, influenciando a expressão de genes e a síntese de proteínas.

## 2.7. Conclusão

A manipulação do estado oxidativo das culturas de plantas pode fornecer meios úteis para manter a competência morfogenética ou superar a recalcitrância e também a produção de metabolitos secundários através da alteração de vias bioquímicas que podem ser melhor exploradas em relação à aplicação de hormonas exógenas e vias de sinalização celular relacionadas com o stress. Este estudo fornece informações para futuros trabalhos de investigação sobre a expressão de muitas vias metabólicas secundárias que podem ser facilmente alteradas através da manipulação de factores físicos e químicos, optimizando as condições de cultura para posterior aplicação.

# CAPÍTULO 3

## Alterações bioquímicas durante a aclimatação

### 3.1. Introdução

A micropropagação tem sido amplamente utilizada para a multiplicação rápida de muitas espécies de plantas. No entanto, a sua utilização mais generalizada é limitada pela percentagem frequentemente elevada de plantas perdidas ou danificadas quando transferidas para condições *ex vitro* (estufa ou campo). Durante a cultura *in vitro*, as plântulas crescem em condições muito especiais em recipientes de cultura relativamente estanques ao ar. Estas condições resultam na formação de plântulas com morfologia, anatomia e fisiologia anormais (Buddendorf e Woltering, 1994). Assim, os transplantes devem passar por um período de aclimatação, mais especificamente um período de desenvolvimento translacional, para superar os efeitos da cultura *in vitro*. O sucesso final da propagação *in vitro* reside no estabelecimento bem sucedido das plantas no solo (Saxena e Dhawan, 1999).

Durante a aclimatação, as plantas são expostas a um grande número de stresses abióticos e bióticos no seu ambiente que podem, em conjunto ou separadamente, reduzir a sua aptidão. Por conseguinte, as plantas possuem uma grande variedade de caraterísticas defensivas para reduzir o impacto destas tensões na sua aptidão. As tensões ambientais desencadeiam mecanismos de defesa ou de adaptação nas plantas, resultando na acumulação de uma vasta gama de antioxidantes. Estes incluem antioxidantes enzimáticos, como a superóxido dismutase (SOD), a catalase (CAT), a peroxidase (POD), a poli fenol oxidase (PPO) e antioxidantes não enzimáticos, como o ácido ascórbico, os tocoferóis e alguns compostos fenólicos. As plantas utilizam estes antioxidantes para compensar os danos oxidativos resultantes destes stresses.

As peroxidases são as enzimas mais diretamente envolvidas na biossíntese da lenhina. Foram estudadas as diversas funções fisiológicas das peroxidases como enzima lignificante (Mader e Fischer, 1982), como enzima predominante em situações de stress (Castillo, 1992), como oxidase indolacética (Nakajima e Yamazaki, 1979). Os fenólicos constituem um grupo de substâncias com um amplo espetro de actividades fisiológicas. São os principais substratos das peroxidases. Participam em processos redox e na reação de defesa das plantas (Svalheim e Robertsen, 1990). Estudos recentes indicaram que as polifenol oxidases podem participar na reação de defesa e na hipersensibilidade, induzindo a resistência das plantas a factores bióticos e

stress abiótico (Jouili e Ferjani El, 2003; Jung, 2004). Os níveis mais elevados de expressão da PPO estão geralmente associados a tecidos jovens (folhas, flores, frutos, tubérculos) e em regiões meristemáticas, que são particularmente vulneráveis a doenças e pragas de insectos, e a expressão genética geralmente diminui durante o desenvolvimento e a maturação dos tecidos vegetais (Cary *et al.,* 1992; Dry e Robinson, 1994; Boss *et a.,* 1995; Gooding *et al.*, 2001; Sullivan *et al.*, 2004).

Durante a aclimatação, as plântulas micropropagadas foram expostas a uma humidade relativa reduzida e a uma irradiação elevada, o que pode provocar stress hídrico e foto-inibição. Ambos os tipos de stress ambiental geram espécies reactivas de oxigénio (ROS) nas células vegetais. Para eliminar essas ERO tóxicas, as plantas dispõem de sistemas de eliminação enzimática, como a SOD, a POD, a CAT e a PPO. A acumulação de antioxidantes, como fenólicos, tocoferóis e ácido ascórbico, em resposta a uma vasta gama de stresses abióticos e, por conseguinte, a sua importância na adaptação das plantas, também foi reconhecida na alfazema (*Lavandula stoechas*, Munne-Bosch *et al.*, 2001); plântulas de trigo (Kele§ e Oncel, 2002) e Arabidopsis (Bergmuller *et al.*, 2003).

De acordo com Nicolle *et al* (2004), a capacidade antioxidante e o conteúdo fenólico total das plantas de alface (*Lactuca sativa* folium) aumentaram significativamente durante o tratamento de stress. Uma relação semelhante entre o conteúdo fenólico e a capacidade antioxidante foi observada noutro estudo realizado por Llorach *et al* (2004). O aumento da capacidade antioxidante parece ser semelhante no que diz respeito a vários stresses. Um tipo semelhante de observações durante a aclimatação foi registado em *Calathe* (Van Huylenbroeck *et al.*, 2000) e *Phalaenopsis* (Ali *et al.*, 2005).

Vidhyasekaran (1973) referiu que, durante o endurecimento, as plantas derivadas de culturas de tecidos não só estavam em stress como também eram susceptíveis a agentes patogénicos. Os fenóis e as enzimas como a polifenol oxidase são componentes importantes do mecanismo de defesa das plantas contra as doenças. Os compostos fenólicos ocorrem naturalmente no sistema vegetal e, devido às suas propriedades antimicrobianas, inibem a germinação de esporos de fungos e a produção de toxinas por agentes patogénicos na uva (*Vitis vinifera* L.). Resultados semelhantes foram registados por Hare Krishna *et al* (2005).

Tang *et al* (2000) referiram que se registou um aumento significativo do nível de compostos fenólicos na casca de plantas de choupo inoculadas com fungos micorrízicos arbusculares, *Glomus mosseae*. O aumento do nível de fenóis totais sugere um aumento da resistência das plântulas inoculadas contra doenças, o que levou a uma maior sobrevivência das plântulas em estufa e em condições de campo.

A alteração das actividades enzimáticas antioxidantes das plântulas micropropagadas *de Zingiber officinale* durante a aclimatação foi relatada por Guan *et al* (2008). De acordo com eles, as alterações nas actividades SOD, CAT e POD mostraram um mecanismo de proteção contra as ROS, que foram geradas durante a aclimatação das plantas.

A aclimatização de plântulas micropropagadas é uma fase crítica para a continuação da aplicação da cultura de tecidos vegetais. Nas primeiras semanas após a transferência para condições *ex vitro*, as plantas enfrentam diferentes stresses e têm de se adaptar às novas condições ambientais (Preece e Sutter, 1991; Van Huylenbroeck *et al.*, 1995). Foram registadas baixas taxas de fotossíntese nas plantas *in vitro* (Pospisilova *et al.*, 1992). O aumento da capacidade fotossintética *in vitro* através da redução da sacarose e do aumento da intensidade da luz e da concentração de $CO_2$ ambiente pode conduzir a um processo de aclimatação mais rápido e mais bem sucedido (Lees *et al.,* 1991). O pré-condicionamento de microestacas com sacarose suplementar antes do enraizamento reduziu a fotossíntese, mas a acumulação de amido aumentou. Supõe-se que isto seja a base para um melhor enraizamento e crescimento *in vivo* (Capellades *et al.*, 1991). Supõe-se então que o amido seja utilizado como reserva de nutrientes pelos rebentos *in vitro* durante o período de aclimatação na estufa

.

A regulação do metabolismo e da compartimentação dos hidratos de carbono foi estudada por Piqueras *et al* (1998), durante a aclimatização de plântulas *de Calathea* em cultura de tecidos. Observaram que a acumulação de sacarose e amido nas folhas estava positivamente correlacionada com o aumento da intensidade da luz. No dia zero do transplante, foram encontrados teores mais elevados de amido nas raízes e caules em comparação com as folhas, no entanto, durante o processo de aclimatação, a concentração de ambos os hidratos de carbono diminuiu significativamente nas raízes e caules, mas aumentou nas folhas.

Em geral, durante a morfogénese, as proteínas celulares desempenham um papel importante e a sua concentração difere não só no que diz respeito à sua função, mas também em termos de tempo e extensão da sua expressão durante o processo (Kay e Basile, 1987; Cui *et al.,* 2002).

No presente estudo, a fim de saber se as plantas derivadas *in vitro* de *Sterculia urens* apresentam os mesmos parâmetros bioquímicos que as plantas *ex vitro* (derivadas de sementes e cultivadas em condições de campo), analisámos os níveis de peroxidase, polifenol oxidase e descobrimos a concentração de proteínas totais, fenóis e hidratos de carbono em intervalos de 20, 40 e 60 dias durante a aclimatação de plantas derivadas *in vitro* e *ex vitro.*

### 3.2. Preparação de material vegetal (derivado *in vitro*)

Plântulas com raízes bem desenvolvidas foram removidas do meio MS+IBA (1-5mg/lit) e também do meio MS+NAA (1- 5mg/lit), lavadas cuidadosamente e transferidas para copos de plástico contendo terra de jardim autoclavada misturada com vermiculita e areia (1:1:1) e cobertas com sacos de polietileno perfurados para manter a humidade (70%). Foram irrigadas dia sim, dia não, com a solução de Hoagland (1950) e mantidas em condições de sala de cultura até ao aparecimento de novas folhas. A nova folha apareceu dentro de 15-20 dias. Mais tarde, os sacos de polietileno foram retirados e as plantas foram colocadas em condições de estufa. Foram aí mantidas durante oito a dez semanas. Uma vez adaptadas às condições ambientais, as plantas foram plantadas em condições normais de jardim.

### Material vegetal (derivado *ex vitro*)

As sementes esterilizadas superficialmente foram embebidas durante 24 horas em água e semeadas em vasos com solo esterilizado, em condições normais de jardim no Departamento de Botânica, Universidade de Andhra, Visakhapatnam. As folhas destas plantas foram recolhidas a intervalos de 20, 40 e 60 dias para efetuar estudos bioquímicos. Isto serve de controlo.

3.3. **Análise bioquímica:** Para estudos bioquímicos, foram escolhidas plantas derivadas *in vitro* e *ex vitro* (sementes) com 20, 40 e 60 dias de idade, cultivadas em condições normais de jardim.

**Preparação do extrato**

**Reagentes utilizados (Apêndice):** Tampão fosfato (0,1M, pH 7,6) e EDTA (0,1mM)

Cerca de 1 grama de segmentos de folhas de plantas derivadas *in vitro* com 20, 40 e 60 dias de idade e *ex vitro* (plantas derivadas de sementes) foram lavadas cuidadosamente com água destilada dupla, secas ao ar e homogeneizadas separadamente com 20 ml de tampão fosfato pré-resfriado (0,1M, $P^H$ 7,6), contendo EDTA 0,1mM em almofariz e pilão resfriados. O homogenato foi espremido através de um pano de queijo de camada dupla e centrifugado (Sorvall Instrument RC5C, Rotor SS-34) a 16.000 rpm durante 15 minutos a $4^0$C. O sobrenadante foi utilizado para o ensaio da peroxidase, polifenol oxidase e também para fenóis, proteínas totais e hidratos de carbono totais.

**Ensaio de peroxidase:** A atividade da peroxidase foi testada espectrofotometricamente (Shimadzu UV-265, espetrofotómetro de registo UV-visível) com O-dianisidina como dador de hidrogénio (Shannon *et al.,* 1966; Sadasivam e Manickam, 1996).

**Reagentes (Apêndice):** O-dianisidina (1mg/ml), $H_2O_2$ (0,2M), Tampão fosfato (0,1M, pH 6,5)

**Procedimento:** Foi seguido o mesmo procedimento apresentado no capítulo IV, mas o material de origem para a extração de enzimas foi diferente. Cada experiência tem três réplicas e a experiência foi repetida três vezes.

**Ensaio de polifenol oxidase:** A atividade da polifenol oxidase foi medida pelo método modificado de Bateman (1967), Sadasivam e Manickam (1996).

**Reagentes (Apêndice):** Tampão fosfato (0,1M, pH 6,5), Catecol (0,01M)

**Procedimento:** Seguiu-se o mesmo procedimento apresentado no capítulo IV, mas o material de origem para a extração da enzima foi diferente. O tampão fosfato foi utilizado como branco. Cada experiência tem três réplicas e a experiência foi repetida três vezes.

**Proteínas totais:** A proteína total foi estimada pelo método de Lowry *et al.* com albumina de soro bovino como padrão.

**Reagentes (apêndice):** Tampão fosfato (0,1M pH 7,6), reagente de cobre alcalino, reagente de fenol de folinas (1N), TCA (20%), NaOH (0,1N), estoque de proteína (1mg/ml) e padrão de trabalho de proteína (100μg/ml)

**Preparação do extrato:**

A 1,0 ml de sobrenadante retirado do extrato acima referido foi adicionado 1 ml de 20%TCA. O sedimento foi lavado duas vezes com acetona e novamente centrifugado a 8000 rpm durante 5 min. O sobrenadante foi utilizado para a estimativa de fenóis e o sedimento foi dissolvido em 5 ml de NaOH 0,1N. Este foi utilizado para a estimativa de proteínas.

**Procedimento:** Foi seguido o mesmo procedimento apresentado no capítulo IV, mas o material de origem para a extração de proteínas totais foi diferente. Cada experiência tem três réplicas e a experiência foi repetida três vezes.

**Fenóis totais:** O teor de fenólicos totais foi determinado espectrofotometricamente pelo método descrito por Sadasivam e Manickam (1996).

**Reagentes (Apêndice):** Reagente de Folin-ceocalteau, NaCO3 (7,5%), estoque de ácido gálico (1mg/ml) e padrão de trabalho de ácido gálico (100 μg/ml).

**Procedimento:** Foi seguido o mesmo procedimento apresentado no capítulo IV, mas o material de origem para a extração de fenóis totais foi diferente. Cada experiência tem três réplicas e a experiência foi repetida três vezes.

**Hidratos de carbono totais: (Método Fenol-H2SO4)**

O teor de hidratos de carbono totais foi determinado calorimetricamente pelo método descrito por Dubois *et al* (1956)

**Reagentes (Apêndice):** Fenol (5% grau reagente), ácido sulfúrico (96% grau reagente), estoque de glicose (lmg/ml) e padrão de trabalho de glicose (100μg/ml)

**Procedimentos:** Uma curva de calibração foi construída usando glicose padrão (10μg-100μg/ml). A 1,0 ml de extrato, adicionou-se 1,0 ml de solução de fenol e 5 ml de ácido sulfúrico a 96%, misturou-se bem e manteve-se num banho de água a ferver a 25° C a 30° C durante 20 minutos. A absorvância foi medida a 490 nm. A quantidade de açúcares totais nos extractos de folhas foi calculada a partir da curva de calibração, tendo em conta o fator de diluição. Cada experiência tem três réplicas e a experiência foi repetida três vezes.

## 3.4. Resultados do estudo

A atividade enzimática foi expressa como a variação da absorvância por unidade de tempo. A diferença de 0,01 na DO foi considerada como uma unidade de atividade enzimática. A atividade das proteínas, fenóis e hidratos de carbono foi expressa em mg/g de peso fresco de tecido.

Os níveis de peroxidase (POD) variaram de 2,50 unidades/mg de proteína^ (1)Ymin^ 1 a 0,97 unidades/mg de proteína'(1)Ymin'1 de plantas derivadas *in vitro* com 20 a 60 dias de idade, enquanto que nos controlos de 1,81 unidades/mg de proteína'(1)Ymin'1 a 0,57 unidades/mg de proteína^ (1)Ymin^ 1. Os níveis de peroxidase durante a aclimatação de ambas as plantas derivadas *in vitro* e de controlo foram dados na Tabela 3.1 e na Fig 3.1. Os resultados mostraram uma diminuição gradual na atividade da peroxidase a partir do 20º dia até o 60º dia de aclimatação.

Os níveis de polifenol oxidase (PPO) variaram de 0,093 **unidades/mg** de proteína/min a 0,023 unidades/mg de proteína'Vmin'1, de plantas derivadas *in vitro* com 20 a 60 dias de idade, enquanto que nos controlos variaram de 0,076 unidades/mg de proteína' Vmin'1 a 0,023 unidades/mg de proteína'1/min'1. Os níveis de PPO durante a aclimatação das plantas derivadas *in vitro* e das plantas de controlo são apresentados no Quadro 3.1 e na Figura 3.2. Os resultados mostraram uma diminuição gradual da atividade da PPO a partir do 20º dia até ao 60º dia de aclimatação.

Além disso, o conteúdo de fenol aumentou de 0,33 mg/g para 0,66 mg/g de tecido de 20 a 60 dias de idade das plantas derivadas *in vitro*, enquanto que nos controlos aumentou de 0,68 mg/g para 1,37 mg/g de tecido. Os níveis de conteúdo de fenol durante a aclimatação de plantas derivadas *in vitro* e plantas de controlo foram apresentados no Quadro 3.1 e na Figura 3.3. Os resultados mostraram um aumento gradual do conteúdo fenólico a partir do 20º dia até ao 60º dia de aclimatação.

A concentração de proteínas aumentou de 7,50 mg/g para 19,50 mg/g de tecido de plantas derivadas *in vitro* com 20 a 60 dias de idade, enquanto que nos controlos aumentou de 14,50 para 31,66 mg/g de tecido no controlo. Os níveis de hidratos de carbono totais aumentaram de 3,20 mg/g para 8,20 mg/g de tecido nas plantas derivadas in vitro e de 3,86 mg/g para 8,40 mg/g de tecido no controlo. Os níveis de proteínas, fenóis e hidratos de carbono durante a aclimatação de plantas derivadas *in vitro* e plantas de controlo foram apresentados no Quadro 3.1 e na Fig. 3.3.

**Quadro 3.1: Análise bioquímica do controlo e das plantas derivadas *in vitro* de *Sterculia urens***

| Control | | | | | |
|---|---|---|---|---|---|
| Period of collection (days) | *Peroxidase ± SE | *polyphenol oxidase ± SE | *phenol content ± SE | *protein content ± SE | *carbohydrate content ± SE |
| | units/mg protein$^{-1}$/min$^{-1}$ | units/mg protein$^{-1}$/min$^{-1}$ | mg/g fresh weight | mg/g fresh weight | mg/g fresh weight |
| 20 | 1.81±0.75 | 0.076±0.00 | 0.68±0.04 | 14.50±1.32 | 3.86±0.11 |
| 40 | 0.85±0.30 | 0.045±0.00 | 0.98±0.02 | 20.33±1.15 | 5.53±0.30 |
| 60 | 0.57±0.17 | 0.023±0.00 | 1.37±0.28 | 31.66±1.52 | 8.40±0.91 |
| *In vitro* derived plants | | | | | |
| 20 | 2.50±0.15 | 0.093±0.02 | 0.33±0.06 | 7.50±0.00 | 3.20±0.20 |
| 40 | 1.77±0.25 | 0.036±0.00 | 0.48±0.04 | 12.66±1.25 | 5.86±0.61 |
| 60 | 0.97±0.15 | 0.023±0.00 | 0.66±0.16 | 19.50±2.64 | 8.20±0.20 |

***Cada** valor representa a média ± SE de três réplicas

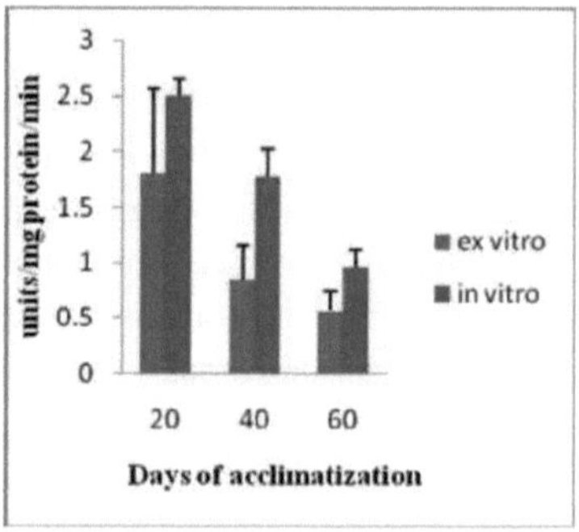


**Fig 3.1:** Níveis de peroxidase durante a aclimatação

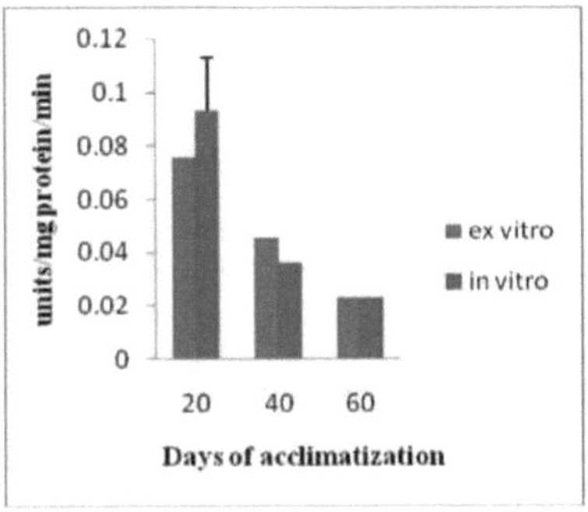


**Fig 3.2:** Níveis de polifenol oxidase durante a aclimatação

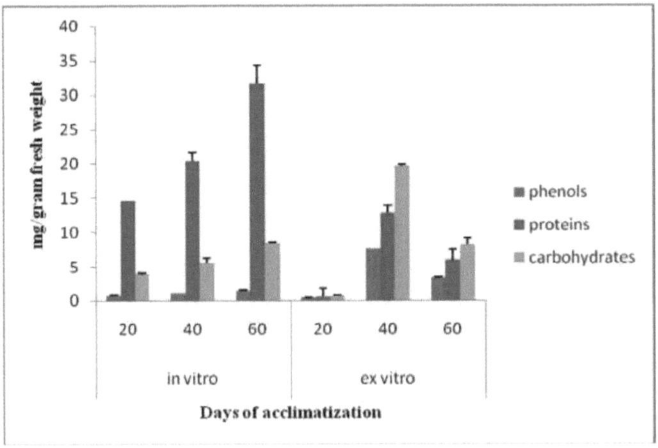


**Fig 3.3:** Níveis de fenóis, proteínas e hidratos de carbono durante a aclimatação

## 3.5. Interpretação dos resultados

O sucesso da aclimatização *ex vitro* de plantas micropropagadas determina a qualidade do produto final e a viabilidade económica da empresa (Conner e Thomas, 1982). O sucesso pode ser alcançado através de um controlo ambiental cuidadoso durante a aclimatização. Considerando as mudanças fisiológicas nas plantas micropropagadas, Kozai (1991) afirmou que muitos problemas de aclimatação permanecem sem solução, necessitando de mais estudos. As plantas estão expostas a um grande número de stresses abióticos e bióticos nos seus ambientes que podem, em conjunto ou separadamente, reduzir a sua aptidão. Por conseguinte, as plantas possuem uma grande variedade de caraterísticas defensivas para reduzir o impacto destas tensões na sua aptidão. Dado que a ocorrência de stresses bióticos e abióticos é altamente variável no espaço e no tempo, e que vários stresses podem afetar as plantas simultaneamente, é evidente que as defesas das plantas e a expressão das defesas das plantas devem apresentar flexibilidade, para permitir que as plantas apresentem sempre fenótipos defensivos adequados.

A análise bioquímica de plantas derivadas *in vitro* de *Sterculia urens* revelou a presença de compostos essenciais para o crescimento, a nutrição, uma maior resistência a agentes patogénicos e um desenvolvimento normal. As plantas derivadas in vitro apresentaram uma composição química semelhante à do controlo (plantas derivadas de sementes) e, por conseguinte, apresentam 90-100% de estabelecimento.

Os níveis de POD e PPO foram elevados nas fases iniciais de aclimatização nas plantas derivadas *in vitro* em comparação com as plantas de controlo e os seus níveis diminuíram quando a planta foi gradualmente ajustada às condições ambientais normais. O aumento da atividade nas fases iniciais da aclimatização pode dever-se ao aumento do stress ambiental imposto à planta. Para se proteger, a planta aumenta os níveis das enzimas anti-oxidantes POD e PPO, mas, à medida que o tempo avança, a planta pode ajustar-se às condições ambientais, o que resulta numa diminuição dos níveis destas enzimas. Gooding *et al* (2001) e Sullivan *et al* (2004) apresentaram relatórios semelhantes no que diz respeito à PPO, em que os níveis mais elevados de expressão da PPO estão normalmente associados a tecidos jovens, como as folhas e as regiões meristemáticas, que são particularmente vulneráveis a doenças e ao stress, mas a expressão do gene diminui durante o desenvolvimento e a maturação dos tecidos vegetais.

A concentração de fenóis, proteínas e hidratos de carbono aumenta à medida que o tempo de aclimatação aumenta de 20 para 60 dias. Os compostos fenólicos são metabolitos secundários das plantas que constituem um dos grupos de substâncias mais comuns e difundidos nas plantas, com um amplo espetro de actividades fisiológicas. As plantas necessitam de compostos fenólicos para o seu crescimento, resistência a agentes patogénicos e para muitas outras funções, como a participação em processos redox, no suporte mecânico, na absorção de radiação UV nociva e na reação de defesa das plantas. Por conseguinte, representam caracteres adaptativos que foram sujeitos à seleção natural durante a evolução. O aumento dos níveis de fenóis nas plantas derivadas *in vitro* foi entendido como um stress pelas plântulas, que respondem activando uma série de mecanismos de defesa sistémica e respostas de desenvolvimento. Nicolle *et al* (2004) apresentaram relatórios semelhantes com uma correlação positiva entre o teor de fenólicos totais e a capacidade antioxidante da alface.

Observou-se um aumento dos níveis de proteínas e hidratos de carbono durante a aclimatização. Na maioria das plantas, as folhas formadas *in vitro* não são capazes de se desenvolver mais em condições *ex vitro* e são substituídas por folhas recém-formadas. Durante a aclimatização, ocorrem alterações morfológicas e fisiológicas, como a passagem de um metabolismo heterotrófico ou mixotrófico para o autotrofismo, sendo necessários níveis adequados de hidratos de carbono mais elevados, o que favorece a transferência para condições ex vitro. O aumento dos níveis de hidratos de carbono durante a aclimatação foi referido por Hdider e Desjardins (1994); Van Huylenbroeck *et al* (1995). A expressão de proteínas celulares diferentes no que respeita à sua função durante a aclimatação foi referida por Cui *et al* (2002).

## 3.6. Conclusão

Do presente estudo concluiu-se que as plantas derivadas *in vitro* de explantes nodais de *Sterculia urens* apresentam níveis mais elevados de actividades enzimáticas e de proteínas, hidratos de carbono e fenóis quando comparadas com as plantas de controlo e, por conseguinte, apresentam uma percentagem mais elevada de taxa de sobrevivência. Em geral, as plantas derivadas de explantes *in vitro* apresentam uma menor percentagem de estabelecimento no terreno devido a múltiplas razões. No presente estudo, foi demonstrado que a razão para esta situação é a alteração da composição bioquímica. Com base nos nossos resultados, concluímos que o teor ótimo de peroxidase, polifenol oxidase, fenóis, proteínas e hidratos de carbono pode ser utilizado como marcador do desenvolvimento normal de plantas derivadas in vitro.

# APÊNDICE

**Preparação de soluções de reserva**

Todos os produtos químicos foram obtidos da Qualigens e todos os reguladores de crescimento vegetal da Hi-Media.

**Preparação do meio MS**

**Stock-1: Macronutrientes (10X/lit)**

| | | |
|---|---|---|
| Nitrato de potássio ($KNO_3$) | - | 19 gm |
| Di-hidrogenofosfato ortofosfato de potássio ($KH_2PO_4$) | - | 1,7 gm |
| Nitrato de amónio ($NH_4NO_3$) | - | 16,5 gm |
| Sulfato de magnésio ($MgSO_4.7H_2O$) | - | 3,7 gm |

Aumentar o volume para 100 ml com água bidestilada.

**Stock-II: Micronutrientes (100X/lit)**

| | | |
|---|---|---|
| Sulfato de zinco ($ZnSO_4.7H_2O$) | - | 860 mg |
| Sulfato de manganês ($MnSO_4.4H_2O$) | - | 2230 mg |
| Ácido bórico ($H_3BO_3$) | - | 620 mg |
| Sulfato de cobre ($CuSO_4.5H_2O$) | - | 2,5 mg |
| Cloreto de cobalto ($CoCl_2.6H_2O$) | - | 2,5 mg |
| Molibdato de sódio ($Na_2MoO_4$) | - | 25 mg |

Aumentar o volume para 100 ml com água bidestilada.

**Caldo-III: Caldo de ferro (10X/lit)**

| | | |
|---|---|---|
| Sulfato ferroso ($FeSO_4.7H_2O$) | - | 278 mg |
| EDTA de sódio | - | 373 mg |

Aumentar o volume para 100 ml com água bidestilada.

**Stock-IV: Vitaminas (100X/lit)**

| | | |
|---|---|---|
| Tiamina HCl | - | 10 mg |
| Piridoxina HCl | - | 50 mg |
| Ácido nicotínico | - | 50 mg |
| Glicina | - | 200 mg |

Aumentar o volume para 100 ml com água bidestilada.

**Stock-V (10X/lit)**

| | | |
|---|---|---|
| Cloreto de cálcio ($CaCl_2.2H_2O$) | - | 4,4 gm |

Aumentar o volume para 100 ml com água bidestilada.

**Stock-VI (100X/lit)**

| | | |
|---|---|---|
| Iodeto de potássio (KI) | - | 83 mg |

Aumentar o volume para 100 ml com água bidestilada.

| | | |
|---|---|---|
| Mioinositol | - | 100 mg/litro |
| Sacarose | - | 2% (20 gm/lit) |
| Agar -Agar | - | 0,8% (8 gm/lit) |
| pH | - | 5.6-5.8 |

**A solução de Hoogland:**

**Macronutrientes**

$MgSO_4$ - 0,52 gm
$Ca(NO_3)_2.H2O$ - 0,94mg
KNO3 - 0.66gm
NH4H2PO4 - 0,12 gm
Quelato de ferro - 0,07 ml
**Micronutrientes:**
H3BO3 - 28,0 gm
MnSO4 - 34,0 gm
CuSO $_{-4}$ 1.0 gm
ZnSO $_{-4}$ 2.2 gm
(NH $)_{46}$ Mo O $_{-72}$ 1.0 gm
H2SO4 - 5 ml/litro

Adicionou-se 0,1 ml de solução de micronutrientes a 1 litro de solução de macronutrientes.

**Benzilaminopurina (BAP), stock ImM:**

Foram pesados 22,52 mg de BAP num copo seco, adicionados 0,5 ml de NaOH 1 N e misturados. Adicionou-se lentamente água bidestilada, com agitação, para ajustar o volume final a 100 ml e armazenou-se a $4^0$C.

**Estoque ImM de Thidiazuron (TDZ):**

Pesaram-se 22 mg de TDZ num copo seco, adicionaram-se 0,3-0,5 ml de NaOH 1 N e misturou-se. Adicionou-se lentamente água bidestilada, com agitação, para ajustar o volume final a 100 ml e armazenou-se a $4^0$C.

**Estoque ImM de cinetina (KIN):**

Foram pesados 21,52 mg de KIN num copo seco, foram adicionados 0,3-0,5 ml de NaOH 1 N e misturados. Adicionou-se lentamente água bidestilada, com agitação, para ajustar o volume final a 100 ml e armazenou-se a 4 °C.

**Ácido 2, 4-dicloro-fenoxiacético (2, 4-D) ImMstock:**

Foram pesados 22,1 mg de 2,4-D num copo seco, 0,3-0,5 ml de NaOH 1N (0,5 ml) e, em seguida, foi adicionada água bidestilada, gota a gota, agitando. Inicialmente ocorre precipitação, que desaparece após aquecimento da solução a $30^0$C. Perfazer até 100 ml.

**Ácido indole-acético (IAA) ImM em stock:**

Dissolveram-se 17,52 mg de IAA em 0,3-0,5 ml de NaOH IN, adicionou-se lentamente água bidestilada e o volume final foi completado até 100 ml e armazenado a 4 °C.

**Estoque ImM de ácido naftalenoacético (NAA):**

18,62 mg de NAA foram dissolvidos em 0,5 ml de dimetilsulfóxido (DMSO). Adicionou-se lentamente água bidestilada com agitação e o volume foi completado até 100 ml e armazenado a 4 °C.

**Nota:** Se ocorrer precipitação, adicionar 1 ou 2 gotas de HCl.

**Estoque de ácido indol butírico (IBA) ImM:**

Dissolveram-se 20,32 mg de IBA em NaOH 1N e adicionou-se lentamente água bidestilada, completando-se o volume final para 100 ml e armazenando-o a 4 °C.

**Ácido giberélico ($GA_3$) ImM stock:**

Foram adicionados lentamente 34,63 mg de $GA_3$ dissolvidos em NaOH 1N e água bidestilada e o volume final foi completado para 100 ml e armazenado a $4^0$C.

**0,1%$HgCl_2$:**

Dissolveram-se 100 mg de cloreto de mercúrio em 100 ml de água esterilizada e utilizaram-se.

**1% Bavistina**

Dissolveu-se 1 grama de Bavistin em 100 ml de água esterilizada e utilizou-se.

**O-dianisidina (1mg/ml)**

Dissolver 10 ml de O-dianisidina em 10 ml de metanol. (Deve ser preparado fresco).

**0,2M $H_2O_2$**

0,68 ml de $H_2O_2$ a 30% foi completado até 100 ml com água destilada.

**Catecol (0,01 M):**

Dissolveram-se 110 mg de catecol em 100 ml de água destilada.

**Tampão fosfato 0,1M pH 6,5**

A: 13,6 g de $KH_2PO_4$ anidro foram dissolvidos em 1000 ml de água destilada (0,1M).

B: 14,2 g de $Na_2HPO_4$ anidro foram dissolvidos em 1000 ml de água destilada (0,1 M).

68,5 ml de A e 31,5 ml de B, diluídos num total de 200 ml.

**Tampão fosfato 0,1M pH 7,6**

13,0 ml de A e 87,0 ml de B, diluídos num total de 200 ml.

**Reagente alcalino de cobre**

Solução A: - 2%Na2CO3 em NaOH 0,1N em água destilada.

Solução B: - 0,5% de sulfato de cobre em 1,0% de tartarato de sódio e potássio.

Solução alcalina de cobre: 50 ml da solução A foram misturados com 1,0 ml da solução B imediatamente antes da utilização.

**IN Reagente de fenol de folinas**

Para a estimativa, diluiu-se um volume de reagente de fenol 1N Folins com dois volumes de água destilada imediatamente antes da utilização.

**20 %( w/v) TCA**

Dissolver 20 gramas de TCA em água e completar o volume final para 100 ml com água destilada.

**NaOH 0,1N**

Dissolver 4 gramas de hidróxido de sódio em 100 ml de água destilada.

**Solução de proteína padrão (1 mg/ml)**

Dissolveram-se 100 mg de BSA em 100 ml de água. Foram adicionadas algumas gotas de NaOH diluído.

adicionado para ajudar a dissolução completa de BSA e para evitar a formação de espuma. Deixou-se repousar durante a noite. 10 ml do stock foram diluídos para 100 ml para obter um padrão de trabalho (100µg/ml).

**Fenol 5%:**

Dissolveu-se fenol redestilado (grau de reagente) (50 g) em água e diluiu-se para um litro.

**Glicose padrão:**

Stock - 100mg de dextrose foram dissolvidos em 100ml de água.

Padrão de trabalho - 10 ml de stock diluído para 100 ml com água destilada.

**Ácido gálico padrão:**

100 mg de ácido gálico dissolvidos em 100 ml de água destilada.

Diluir dez vezes para obter um padrão de trabalho.

**Cloridrato de hidroxilamina 1 mM:**

Dissolver 6,9 mg de cloridrato de hidroxilamina em 100 ml de água destilada.

**0,1 mM EDTA:**

Dissolveram-se 3,72 mg de EDTA em 100 ml de água destilada.

**24 μM Cloreto de nitroblue tetrazolium (NBT):**

Dissolver 2,1 mg de NBT em 100 ml de água destilada.

**Carbonato de sódio 125 mM:**

Dissolveram-se 1,375 g de $Na_2CO3$ em 100 ml de água destilada.

**Peróxido de hidrogénio a 0,9% (v/v):**

0,9 ml de peróxido de hidrogénio a 30%, completados a 100 ml com água.

**Ácido sulfúrico 2 N:**

5,55 ml de ácido sulfúrico concentrado, completados a 100 ml com água.

**Permanganato de potássio 0,1M:**

Dissolveram-se 1,58 g de KMnO4 em 100 ml de água.

**7,5% de $NaCO_3$:**

7,5 gramas de carbonato de sódio dissolvidos em 100 ml de água.

**5% $NaNO_2$**

Dissolver 5 g de $NaNO_2$ em 100 ml de água destilada.

**10% $AlCl_3$**

Dissolver 10 g de $AlCl_3$ em 100 ml de água destilada.

**NaOH 1M**

Dissolver 4 g de NaOH em 100 ml de água destilada.

**Catequina em stock:**

Dissolver 100 mg de catequina em 100 ml de água destilada. Diluir 10 ml de caldo para 100 ml com água destilada.

**SDS-PAGE**

**Solução-mãe de acrilamida**

| | | |
|---|---|---|
| Acrilamida 30% | 30g | |
| Bisacrilamida 0,8% | 0.8g | |
| Água para | 100ml | |

**Tampão de gel de separação**

| | | |
|---|---|---|
| 1,875M Tris-HCl | 22.7g | pH 8,8 |
| Água para | 100ml | |

**Tampão para gel de empilhamento**

| | | |
|---|---|---|
| Tris-HCl 0,6M | 7.26g | pH 6,8 |
| Água para | 100ml | |

**Agentes polimerizantes**

a) Persulfato de amónio — 0,5g/10ml, preparado de fresco

antes da utilização

b) TEMED fresco do frigorífico

**Tampão de eléctrodos**

| | |
|---|---|
| Tris 0,05M | 12g |
| 0,192M Glicina | 28.8g pH 8,3 Sem ajuste necessário. |
| 0,1% SDS | 2g |

Pode ser utilizado 2-3 vezes

**Tampão de amostra (concentração 5X)**

| | |
|---|---|
| Tampão Tris-HCl pH 6,8 | 5 ml |
| SDS | 0.5g |
| Sacarose | 5g |
| Mercaptoetanol | 0,25 ml |
| Azul de bromofenol | 1ml |
| (solução a 0,5% W/V em água) | |
| Água para | 10ml |

Todos os materiais foram armazenados congelados em pequenas alíquotas. Diluídos para uma concentração de 1X e utilizados.

Solução de dodecil sulfato de sódio a 10% - armazenada à temperatura ambiente.

**Marcadores padrão**

| Proteína | Peso molecular Peso molecular Daltons |
|---|---|
| Lisozima | 14,600 |
| Tripsinogénio | 24,000 |
| Albumina bovina | 67,000 |

As proteínas acima referidas foram dissolvidas em tampão de amostra de força única a uma concentração de 1 mg por ml cada. O poço foi carregado com 25-50µl.

**Solução de coloração de proteínas**

| | |
|---|---|
| Coomassie azul brilhante R 250 | 0.1g |
| Metanol | 40 ml |
| Ácido acético | 10 ml |
| Água | 50ml |

O corante foi dissolvido em metanol e prosseguiu a sua ação. Preparado sempre de fresco.

**Desentupidor**

Foi preparado sem o corante

| | |
|---|---|
| Metanol | 40 ml |
| Ácido acético | 10 ml |
| Água | 50ml |

**Tampão de acetato de sódio 0,2 M, pH 4,8.**

Solução A: Ácido acético 0,2M (11,55ml em 1000ml de água destilada)

Solução B: Acetato de sódio 0,2M (27,2 g dissolvidos em 1000 ml de água destilada)

20 ml de solução e 30 ml de solução B foram diluídos para 100 ml.

# REFERÊNCIAS


Ali M.B., Hahn E. e Paeĸ K. (2005) Efeitos das intensidades de luz nas enzimas antioxidantes e no teor de malondialdeído durante a aclimatação a curto prazo em plântulas de Phalaenopsis micropropagadas. Environ. exp. Bot. 54: 109-120.

Alscher R.G., Donahue J. e Cramer C.L. (1997). Espécies reactivas de oxigénio e antioxidantes: relações em células verdes. *Physiol Plant*. 100: 224-233.

Anónimo. (1992). Plantas úteis da Índia. Direção de publicação e informação CSIR. New Delhi. N992. P: 601.

Bailey E., Deighton N., Clulow S.A. Goodman B.A. e Benson E.E. (1994). Alterações nos perfis de radicais livres durante a calogénese de genótipos de batata responsivos e recalcitrantes. *Proc. R. Soc*. Edinburgh, sect. B. 102: 243-246.

Bateman D.F. (1967). Aumento da polifenol oxidase em tecidos de plantas doentes. In: Livro fonte de exercícios de laboratório em patologia vegetal. pp: 208-209.

Beauchamp B.C. e Fedovich. (1976). Superóxido dismutase: Ensaio melhorado e um ensaio aplicável ao gel de acrilamida. *Anal. Biochem*. 10: 276-287.

Benson E.E. (2000a). Recalcitrância das plantas *in vitro*: uma introdução. *In Vitro Cell. Dev. Biol. Plant.* 36: 141-148.

Benson E.E. (2000b). Do free radicals have a role in plant tissue culture recalciterance? *In vitro Cell Dev Biol - Plant*. 36: 163-170.

Benson E.E. e Roubelakis-Angelakis K.A. (1992) Fluorescent lipid peroxidation products and antioxidant enzymes in tissue cultures of *Wtis vinifera* L. *Plant Sci.* 84: 83-90.

Benson E.E. e Roubelakis-Angelakis K.A. (1994). Stress oxidativo em culturas de tecidos recalcitrantes de videira. *Free Radie. Biol. Med.* 16: 355-362.

Bergmuller E., Porfirova S. e Dormann P. (2003). Caracterização de um mutante *de Arabidopsis* deficiente em γ-tocoferol metiltransferase. *Plant Mol. Biol.* 52: 1181-1190.

Blanco M., de los A., Nieves N., Borroto C.G., Sa'nchez M., Castillo R., Gonza'lez J.L., Escalona M., Ba'ez E. e Hernandez Z. (1997). Alterações proteicas associadas à regeneração de plantas em calos embriogénicos de cana-de-açúcar (*Saccharum* sp.). *Plant Cell Tiss. Organ Cult.* 57: 73-77.

Blanco M., Nieves N., Castillo R., Sa'nchez M., Gonza'lez J.L., Escalona M., Borroto C.G., Ba'ez E., Quin~ ones J., Puentes C., and Gonza' le A. (1998). Proteı'nas y poliaminas en la embrioge'nesis soma'tica de can~a de azu' car (Saccharum sp.) a partir de callos. *Cultivos Tropicales*. 19 (3): 21-27.

Bolar J.P., Norelli J.L., Aldwinckle H.S., Hanke V. (1998). Um método eficiente para o enraizamento e aclimatação de cultivares de macieira micropropagadas. *Hort. Science*. 37: 1251-1252.

Boss P.K., Gardner R.C., Janssen B.J. e Ross G.S. (1995). Um cDNA de Apple Polyphenol

Oxidase é regulado positivamente em tecidos feridos. *Plant Mol. Biol.* 27: 429- 433.

Bowler C., Van Montagu M e Inze D. (1992). Superoxide dismutase and stress tolerance. *Annu Rev Plant Physiol Plant Mol Biol.* 43: 83-116.

Bremner D.H., Magill W.J. e Benson E.E. (1997). Uma avaliação de métodos analíticos para a deteção de produtos de oxidação secundária em culturas de plantas desdiferenciadas. *Phyton.* 37: 39-44.

Buddendorf-Joosten J.M.C. e Woltering E.J. (1994). Componentes do ambiente gasoso e seus efeitos no crescimento e desenvolvimento das plantas *in vitro*. 15: 1-16.

Capellades M.Q., Lemeur R. e Debergh P.C. (1991). Efeitos da sacarose na acumulação de amido e na taxa de fotossíntese em *Rosa* cultivada *in vitro*. *Plant Cell Tissue Organ Culture.* 25: 21-26.

Cary J.W., Lax A.R. e Flurkey W. H. (1992). Clonagem e caraterização de cDNAs que codificam para *Vicia faba* Polyphenol Oxidase. *Plant Mol. Biol.* 20: 245-253.

Cassells A.C. e Curry R.F. (2001). Oxidative stress and physiological, epigenetic and genetic variability in plant tissue culture: implications for micropropagators and genetic engineers. *Plant Cell Tissue Org Cult.* 64:145-157.

Castillo F.J. (1992). Peroxidase e stress. In: Penel C., Gaspar T.h. e Greppin H. (eds), Plant Peroxidases 1980-1990. Tópicos e literatura detalhada sobre Aspectos Moleculares, Bioquímicos e Fisiológicos. Univ Genebra, Suíça, pp: 187-203.

Chen J. e Ziv M. (2001). The effect of ancymidol on hyperhydricity, regeneration, starch and antioxidant enzymatic activities in liquid-cultured *Narcissus*. *Plant Cell Rep.* 20: 22-27.

Conner A. J. e Thomas M.B. (1982). Re-estabelecimento de plântulas a partir de cultura de tecidos - *Uma* revisão, *Comb Proc Int Plant Prop Soc.* 31: 342357.

Creemers-Molenaar J. e Van Oort Y. (1990). Antioxidantes aumentam a eficiência de plaqueamento e o crescimento de microcalos de protoplastos em *Lolium perenne* L. - In: Nijkamp, H.J.J., Van der Plas L.H.W., Van Aartrijk J. (ed): Progress in plant molecular biology. pp 44-49. Kulwar Academic publishers. Dordrecht.

Cui K., Li J., Xing G., Wang L. e Wang Y. (2002). Efeito do peróxido de hidrogénio na síntese de proteínas durante a embriogénese somática em *Lycium barbarum*. *Célula vegetal, Tiss. Org. Cult.* 68: 187-193.

Cui K., Xing G., Liu X., Xing G. e Wang Y. (1999). Efeito do peróxido de hidrogénio na embriogénese somática de *Lycium barbarum* L. *Plant Sci.* 146: 9-16.

Cutler A., Saleem M. e Wang H. (1991). Recalcitrância dos protoplastos de cereais. *In vitro Cell Dev Biol* 27: 104-111.

Cvikrova' M., Mala' J., Eder J., Hrubcova' M. e Va'gner M. (1998). Ácido abscísico, poliaminas e ácidos fenólicos em embriões somáticos de carvalho sésseis em relação ao seu potencial de conversão. *Plant Physiol. Biochem.* 36: 247-255.

Dalal M.A., Sharma B.B. e Rao S. (1992). Estudos sobre o tratamento de plantas de reserva e iniciação modelo de cultura no controlo do escurecimento oxidativo em culturas *in vitro* de videira. *Sci Hortic.* 51: 35-41.

Dat J., Vandenabeele S., Vranova E., van Montagu M., Inz D. e van Breusegem F. (2000). Dual action of the active oxygen species during plant stress responses. *Cell Mol Life Sci.* 57: 779-795.

Davis B.J. (1964). Eletroforese em disco. II. Método e aplicação às proteínas do soro humano. *Ann. N.Y. Acad. Sci.* USA. 121: 404-427.

De Marco A. e Roubelakis-Angelakis K.A. (1996). A complexidade do controlo enzimático da concentração de peróxido de hidrogénio pode afetar o potencial de regeneração dos protoplastos de plantas. *Plant Physiol.* 110: 137-145.

Deighton N., Magill W.J., Bremner D.H. e Benson E.E. (1997). Malondialdeído e 4 hidroxi-2-nonenal em culturas de tecidos vegetais: Determinação por LC- MS de derivados de 2,4 dinitrofenil-hidrazona. *Free Radie. Res.* 27: 255-265.

Desjardins Y. (1995). Fotossíntese *in vitro* - sobre os factores que regulam a assimilação do $CO_2$ em sistemas de micropropagação. *Ata Hort.* 393: 4561.

Dias A.C.P. e Tomas B.F.A. (1998). Flavonóides incomuns produzidos por calos de *Hypericum perforatum. Phytochem.* 48: 1165-1168.

Diettrich B., Mertinat H. e Luckner M. (1992). Redução da perda de água durante a aclimatação ex vitro de plantas clonais micropropagadas *de Digitalis lanata. Biochem. Physiol. Pflanz.* 188: 23-31.

Dry I.B. e Robinson S.P. (1994). Molecular Cloning and Characterization of Grape Berry Polyphenol Oxidase (Clonagem molecular e caraterização da polifenol oxidase de bagos de uva). *Plant Mol. Biol.* 26: 495-502.

Dubois M., Gilles K.A. Hamilton J.K. Rebers P.A. e Smith F. (1956). Método colorimétrico para a determinação de açúcares e substâncias afins. *Analytical Chemistry.* 28: 350-356.

Earnshaw B.A. e Johnson M.A. (1987) Control of wild carrot somatic embryo development by antioxidants. *Plant physiol.* 85: 273-276.

Fernandez, (1964). Gomas e resinas. Folheto florestal indiano n.º 174. Instituto de Investigação Florestal MEP, Dehradun. pp: 8.

Fila G., Ghashghaie J., Hoarau J. e Cornic G. (1998). Fotossíntese, condutância foliar e relações hídricas de porta-enxertos de videira cultivados *in vitro* em relação à aclimatação. *Physiol. Plant.* 102: 411418.

Franck T., Kevers C. e Gaspar T. (1995). Sistemas enzimáticos protectores contra espécies activadas de oxigénio comparados em rebentos normais e vitrificados de *Prunus avium* L. criados *in vitro. Plant Growth Regul.* 16: 253-256.

Franck T., Kevers C., Penel C., Greppin H., Housman H., Gaspar T. (1998) Propriedades redutoras e marcadores de peroxidação lipídica em rebentos normais e hiper-hidratados de *Prunus avium* L. *J.Plant physiol.* 153: 339-346.

Gaspar T. (1995) O conceito de cancro em culturas de plantas *in vitro* e a implicação da habituação a hormonas e hiper-hidricidade. - *Cultura de Tecidos de Plantas. Biotechnol.* 1: 126-136.

Gaspar T., Penelm C., Castillo F.J. e Greppin H. (1985). A two-step control of basic and acidic peroxidases and its significance for growth and development. *Physiol Plant.* 64: 418-423.

Gooding P.S., Bird C. e Robinson S.P. (2001). Molecular Cloning and Characterisation of Banana Fruit Polyphenol Oxidase (Clonagem molecular e caraterização da polifenol oxidase da banana). Planta. 213: 748-757.

Guan Q.Z., Guo Y.H., Sui X.L., Li W. e Zhang Z.X. (2008). Alterações na capacidade fotossintética e nos sistemas enzimáticos antioxidantes em plântulas micropropagadas *de Zingiber officinale* durante a sua aclimatação. *Photosynthetica.* 46 (2): 193-201.

Gupta S.D. e Datta S. (2003). Antioxidant enzyme activities during *in vitro* morphogenesis of gladiolus and the effect of application of antioxidant on plant regeneration. *Biol* Plant. 47: 179-183.

Halliwell B. (1974). Superóxido dismutase, catalase e glutationa peroxidase: soluções para o problema da convivência com o oxigénio. *New Phytol.* 73: 1075-1086.

Hare Krishna, Singh S.K., Sharma R.R., Khawale R.N., Minakshi Grover e Patel V.B. (2005). Alterações bioquímicas em plântulas de uva micropropagadas (*Vitis vinifera* L.) devido à inoculação de fungos micorrízicos arbusculares (FMA) durante a aclimatação ex vitro. *Scientia Horticulturae.* 106: 554-567.

Hdider C. e Desjardins Y. (1994). Effects of sucrose on photosynthesis and phosphoenolpyruvate carboxylase activity of in vitro culture strawberry plantlets. *Plant Cell Tissue Organ Culture.* 36: 27-33.

Hervey R.B.L. (1963). (para john manning paper Co.Inc ) US 3,102,838,Sept 3,1963 Fiber treatment in paper making. CHEM ABSTRVol 60,1964, abstrno. 5745f.

Howes F.N. (1949). Vegetable gums and resins. Chronica Botanica co., Walthuma Mass. pp: 188.

Hrubcova M., Cvikrova' M. e Eder J. (1994). Actividades de peroxidase e conteúdo de ácido fenólico em culturas de suspensão de células de alfafa embriogénicas e não embriogénicas. *Biol. Plant.* 36: 175-182.

Jouili H. e Ferjani E.E. (2003). Alterações nas actividades antioxidantes e de enzimas lignificantes em raízes de girassol (*Helianthus annuus* L.) stressadas com excesso de cobre. *Comptes Rendus Biologies.* 326: 639644.

Joy R.W., Patel K.R. e Thorpe T.A. (1988). Melhoria do ácido ascórbico da organogénese em calos de tabaco. *Plant Cell Tissue Organ Cult.* 13:219-228.

Jung S. (2004). Variação no metabolismo antioxidante de folhas jovens e maduras de Arabidopsis thaliana submetidas à seca. *Ciência das Plantas*. 166:459-466.

Kadlecek P. (1997). Efeito do pré-tratamento por irradiância e sacarose exógena em condições *in vitro* sobre a fotossíntese e o crescimento de plantas de tabaco (*Nicotiana tabacum* L.) durante a aclimatação após a transferência para o solo]. - Tese de Diploma, Universidade Charles, Departamento de Fisiologia Vegetal, Praha.

Kadlecek P., Ticha I., Capkova, V. e Schafer C. (1998). Aclimatização de plântulas de tabaco micropropagadas. - In: Garab, G. (ed.): Photosynthesis: Mechanisms and Effects. Vol. V. Pp. 3853-3856. Kluwer Academic Publishers. Dordrecht. Boston. Londres.

Kagan V.E., Serbinova E.A. e Packer L. (1990). Geração e reciclagem de radicais a partir de antioxidantes fenólicos. *Arch Biochem Biophys*. 280:33-39.

Kay L.E. e Basile D.V. (1987). As isoenzimas específicas da peroxidase estão correlacionadas com a organogénese. *Plant Physiol*. 84: 99-105.

Kele§ Y. e Oncel I. 2002. Resposta do sistema de defesa antioxidativo às combinações de temperatura e stress hídrico em plântulas de trigo. *Plant Sci*. 163: 783-790.

Klose e Glicksman. (1972). Gums In ; Hand book of food additives.2$^{nd}$ ed., Furia (ed) CRC Press, A Division of the chemical Rubber co., Cleveland, ohio, pp 295- 360.

Kozai T. (1991). Micropropagação em condições fotoautotróficas. - In: Debergh, P.C., Zimmerman, R.H. (ed.): Micropropagation. Tecnologia e Aplicação. pp. 447-469. Kluwer Academic Publishers. Dordrecht. Boston. Londres.

Kozai T. e Smith M.A.L. (1995). Controlo ambiental na cultura de tecidos de plantas - introdução geral e visão geral. - In: Aitken-Christie, J., Kozai, T., Smith, M.L. (ed.): Automation and Environmental Control in Plant Tissue Culture. pp. 301-318. Kluwer Academic Publishers. Dordrecht. Boston. Londres.

Kumar G.N.M. e Knowles N.R. (1993). Alterações na peroxidação lipídica e nas actividades das enzimas lipolíticas e de eliminação de radicais livres durante o envelhecimento e a germinação de tubérculos-semente de batata (*Solanum tuberosum*). *Plant Physiol*. 102: 115-124.

Laemmli (1970). Clivagem de proteínas estruturais durante a montagem da cabeça do bacteriófago $T_4$. *Nature*. UK. 227.

Lees R.P., Evans E.H. e Nicholas J.R. (1991). Photosynthesis in Ckmafis 'The President' during growth *in vitro* and subsequent in vivo acclimatization. *J. Exp. Bot*. 42: 605-610.

Li L. e Steffens J.C. (2002). A sobreexpressão da polifenol oxidase em plantas de tomate transgénicas resulta numa maior resistência às doenças bacterianas. *Planta*.215: 239-247.

Li Y., Deng X.P., Kwak S.S. e Tanaka K. (2006). Tolerância à seca da batata-doce transgénica que exprime tanto a superóxido dismutase Cu/Zn como a ascorbato peroxidase. *Journal of Plant Physiology and Molecular Biology*. 32 (4). 451-457.

Libik M., Konieczny R., Pater B., Slesak I. e Miszalski Z. (2005). Diferenças nas actividades de algumas enzimas antioxidantes e no teor de H2O2 durante a rizogénese e a embriogénese somática em culturas de calos da planta do gelo. *Plant Cell Rep*. 23: 834-841.

Llorach R., Tomas-Barberan F.A. e Ferreres F. (2004). Subprodutos de alface e chicória como fonte de extractos fenólicos antioxidantes. *J. Agric. Food Chem*. 52: 5109-5116.

Lowry O.H., Rosebrough N.J., Farr A.L. e Randall R.J. (1951). *J. Biol. Chem*. 193: 265-275.

Ma "der M. e Amberg-Fischer V. (1982). Papel da peroxidase na lignificação das células do tabaco. *Plant Physiology*. 70: 1128-1131.

Mala agarwal e Raka kamal. (2007).estudos sobre a produção de flavonóides utilizando culturas in vitro de momordica charantia L. *Indian journal of biotechnology*. 6: 277-279.

Marinova D., Ribarova F. e Atanasoval M. (2005). *J. Univ. Chem. Tech. Metal*. 40: 255.

Meratan A.A., Ghaffari S.M. e Niknam V. (2009). Organogénese *in vitro* e atividade das enzimas antioxidantes em *Acanthophyllum sordidum*. *Biologia Plantarum*. 53 (1): 5-10.

Mittler R. (2002). Oxidative stress, antioxidants and stress tolerance. *Trends Plant Sci*. 7: 405-410.

Munne-Bosch S., Schwarz K. e Alegre L. (2001). O défice hídrico em combinação com uma radiação solar elevada leva à depressão do α-tocoferol ao meio-dia em plantas de lavanda (*Lavandula stoechas*) cultivadas no campo. *Aust. J. Plant Physiol*. 28: 315-321.

Murashige T. e Skoog F. (1962). Um meio revisto para crescimento rápido e bioensaios com cultura de tecidos de tabaco. *Physiol Plant*. 15: 473497.

Nadina N., Magdalena S.N., Mari'a A. Blanco, Margelys S, Alfredo G, Justo L. Gonza' lez, e Ramiro C. (2003). Caracterização bioquímica de calos embriogénicos e não embriogénicos de cana-de-açúcar. *In Vitro Cell. Dev. Biol.-Plant*. 39: 343-345.

Nair M.N.B., Shivanna K.R. e Mohan Ram H.Y. (1995). Ethephon aumenta o rendimento da goma karaya e a resposta de cicatrização de feridas: um relatório preliminar. *Ciência atual*.69: 809-810.

Nakajima R. e Yamazaki I. (1979). O mecanismo de oxidação do ácido indol-3-acético pela horseradish peroxidase. *J. Biol. Chem*. 254: 872878.

Nakamura M., Seki M. e Furusaki S. (1998). Aumento da metilação de antocianina por limitação de crescimento em cultura de suspensão de morango. *EnzymeMicrob Technol*. 22: 404-408.

Nicolle C.A., Carnat D., Fraisse J., Lamaison E., Rock H., Michel P., Amouroux e Remesy C. (2004). Caracterização e variação dos micronutrientes antioxidantes na alface (*Lactuca sativa* folium). *J. Sci. Food Agric*. 84: 2061-2069.

Oropeza M., Marcano A.K. e de Garcı'a E. (2001). Proteínas relacionadas com o potencial embriogénico em calos e suspensões celulares de cana-de-açúcar (Saccharum sp.). *In Vitro Cell. Dev. Biol. Plant*. 37: 211-216.

Panigrahi J., Behera M., Maharana S e Mishra R.R. (2007). Alterações biomoleculares durante a organogénese *in vitro* de *Asteracantha longifolia* (L.) Nees - Uma erva medicinal. *Indian Journal of Experimental Biology*. 45: 911-919.

Papadakis A.I. e Roubelakis-Angelakis K.A. (2002). Será o stress oxidativo responsável pela recalcitrância dos protoplastos das plantas? *Plant Physiol Biochem*. 40: 549-559.

Papadakis A.I. Siminis C.I. e Roubelakis-Angelakis K.A. (2001). A redução da maquinaria antioxidante está correlacionada com a supressão da totipotência em protoplastos de plantas. *Plant Physiol*. 126: 434-444.

Papadakis A.I., Siminis C.I. e Roubelakis-Angelakis K.A. (1999). Geração de espécies activas de oxigénio em protoplastos de tabaco e videira. *Plant Physiol*. 121: 197-205.

Piqueras A., van Huylenbroeck J.M., Han B.H. e Debergh P.C. (1998). Carbohydrate partitioning and metabolism during acclimatization of micropropagated *Calathea Plant Growth Regulation*. 26: 25-31.

Pospisilova J., Solarova J. e Catsky J. (1992). Photosynthetic responses to stresses during in vitro cultivation. *Photosynthetica*. 26: 3-18.

Prashanth S.R., Sadhasivan V. e Parida A. (2008). A sobre-expressão da superóxido dismutase citosólica de cobre/zinco de uma planta de mangal *Avicenia marina* no arroz *Indica* var Pusa Basmati-1 confere tolerância ao stress abiótico. *Investigação Transgénica*. 17 (2): 281-291.

Preece J.E. e Sutter E.G. (1991). Aclimatização de plantas micropropagadas em estufa e no campo. - In: Debergh, P.C., Zimmerman, R.H. (ed.): Micropropagation. Technology and Application. pp. 71-93. Kluwer Academic Publishers. Dordrecht. Boston. Londres.

Price A.H. Atherton N.M. e Hendry G.A.F. (1989). As plantas sob stress de seca geram oxigénio ativado. *Free Radic Res Commun*. 8: 61-66.

Radhakishnan T.M. e Sarma P.S. (1963). Localização intracelular e biossíntese de catalase em tecidos hepáticos. *Curr. Sci*. 32: 1749.

Rivero R.M., Ruiz J.M., Garcı'a P.C., Lo'pez-Lefebre L.R., Sa'nchez E. e Romero L. (2001). Resistance to cold and heat stress: accumulation of phenolic compounds in tomato and watermelon plants. *Plant Science*.160: 315-321.

Rodriguez Andres A., Grunberg Karina A. e Taleisnik Edith L. (2002). As espécies reactivas de oxigénio na zona de alongamento das folhas de milho são necessárias para a extensão das folhas. *Plant Physiology*. 129 (4): 1627-1632.

Roubelakis-Angelakis K.A. (1993). Uma avaliação dos possíveis factores que contribuem para a recalcitrância dos protoplastos de plantas. In: Roubelakis-Angelakis KA, Tran Thanh Van K (eds) Morphogenesis in plants: molecular approaches. Plenum, Nova Iorque, pp 201-220.

Roupakias D.G., McMillin D.E. e Scandalios J.C. (1980). Localização cromossómica dos genes estruturais da catalase em *Zea mays* utilizando translocações B-A. *Theor Appl Genet*. 58: 211-218.

Sadasivam S. e Manickam A. (1996). Biochemical Methods, Second edition, New Age International (P) Ltd Publishers, New Delhi. pp: 108-110.

Sala, José M. e Lafuente, Maria T. (1999). Catalase na tolerância ao frio induzida pelo calor em frutos de tangerina híbrida Fortune armazenados a frio. *Journal of Agricultural and Food Chemistry.* 47 (6): 2410-2414.

Saxena S. e Dhavan B. (1999). Regeneração e propagação em grande escala de bambu (*Dendrocalamus strictus* Nees) através de embriogénese somática. *Plant cell Rep.* 18: 438-443.

Scandalios J.C. (1987). Os genes das enzimas antioxidantes cat e sod do milho: regulação, significado funcional e biologia molecular. In: Rattazzi MC, Scandalios JC, Whitt GS (eds) Isozymes. Current topics in biological and medical research, molecular and cellular biology, vol 14. Alan R. Liss, Nova Iorque, pp 19-44.

Scandalios J.G. (1990). Resposta dos genes de defesa antioxidante das plantas. In: Scandalios JG, Wright T (eds) Genomic responses to environmental stress. Académico, Nova Iorque, pp 1-41.

Shannon L., Key E. e Lew J. (1966). Enzima peroxidase de raízes de rabanete. Isolamento e propriedades físicas. *J. Biol. Chem.* 241: 2166-2175.

Shilpashree H.P. e Ravishankar Rai. (2009). Regeneração de plantas *in vitro* e acumulação de flavonóides em *Hypericum mysorense. Revista Internacional de Biologia Integrativa.* 8 (1): 43.

Sullivan M.L., Hatfield R.D., Thoma S.L. e Samac D.A. (2004). Clonagem e Caracterização de cDNAs de Polifenol Oxidase de Trevo Vermelho e Expressão de Proteína Ativa em *Escherichia coli* e Alfafa Transgénica. *Plant Physiol.* 136: 3234-3244.

Svalheim O. e Robertsen B. (1990). Indução de peroxidases em hipocótilos de pepino por ferimentos e infeção por fungos. *Physiol. Plant.* 78: 261-267.

Synkova Helena e Valcke Roland. (2001). Resposta ao stress hídrico ligeiro no tabaco transgénico *Pssu-ipt*. *Physiologia Plantarum.* 112 (4): 513-523.

Takahama U. e Yoshitama K. (1998). Os ésteres de ácido hidroxicinâmico aumentam a oxidação dependente da peroxidase da 3,4-dihidroxifenilalanina. Diferenças no aumento entre os ésteres. *J Plant Res.* 111: 97-100.

Tang M., Chen H. e Shang H.S. (2000). O mecanismo dos fungos micorrízicos vesículo-arbusculares aumentou a resistência do choupo ao cancro. *Scientia Silvae Sinica* 36 (2): 87-92.

Tang W. e Newton R.J. (2005). As actividades da peroxidase e da catalase estão envolvidas na formação direta de rebentos adventícios induzida pelo thidiazuron em embriões zigóticos de pinheiro branco oriental (*Pinus strobus* L.). *Plant Physiol. Biochem.* 43: 760-769.

Thipyapong P., Hunt M.D., Steffens J.C. (2004). Antisense Down regulation of Polyphenol Oxidase Results in Enhanced Disease Susceptibility. *Planta.* 220: 105-117.

Tian B., Hua Y.J., Ma X.Q. e Wang G.L. (2003). Relação entre a atividade antibacteriana do aloé e os seus compostos de antaquinona.

*China Journal of Chinese Materia Medica* (em chinês). 28: 10341037.

Tomas Lopez Arnaldosa, Romualdo Munoza, Maria Angeles Ferrerb e Antonio A Calderonb (2001). Mudanças no conteúdo de fenol durante a cultura de calos de morango (*Fragaria× ananassa*, cv. Chandler). *Physiologia Plantarum*. 113: 315-322.

Van Huylenbroeck J.M. e De Riek J. (1995). Sugar and starch metabolism during *ex vitro* rooting and acclimatization of micropropagated Spathiphyllum "Petite" plantlets. *Plant Sci*. 111: 19-25.

Van Huylenbroeck J.M., Piqueras A. e Debergh P.C. (2000). A evolução da capacidade fotossintética e do sistema enzimático antioxidante durante a aclimatação de plantas micropropagadas *de Calathea*. *Plant Sci*. 155: 59-66.

Vatankhah E., Niknam V., e Ebrahimzadeh H. (2010). Atividade da enzima antioxidante durante a organogénese *in vitro* em *Crocus sativus*. *Biologia Plantarum*. 54 (3): 509-514.

Vidhyasekaran P. (1973). Possível papel dos orto-dihidroxi-fenólicos na resistência à doença da antracnose da videira . *Indian J. Exp. Biol*. 11 (5): 473-475.

Vranova E., Inze' D. e van Bergusegem F. (2002). Transdução de sinais durante o stress oxidativo. *J Exp Bot*. 53: 1227-1236.

Wei Tang e Ronald J Newton. (2005). As actividades da peroxidase e da catalase estão envolvidas na formação direta de rebentos adventícios induzida pelo thidiazuron em embriões zigóticos de pinheiro branco oriental (*Pinus strobus* L.). *Fisiologia e Bioquímica de Plantas*. 43 (8): 760769.

Whistler R.L. (1973). Gomas industriais: Polysaccharides and their derivatives. Imprensa académica. NY e Londres. 2nd ed. pp: 807.

Wu Guohai H., Wilen Ronald W., Robertson Albert J. e Gusta Lawrence V. (1999). Isolamento, localização cromossômica e expressão diferencial de genes de superóxido dismutase de manganês mitocondrial e superóxido dismutase de cobre / zinco cloroplástico em trigo. *Plant Physiology*.120 (2): 513- 520.

Zheng Q.S., Ju B., Liang L.K. e Xiao X.H. (2005). Efeitos dos antioxidantes na regeneração das plantas e na frequência de expressão de GUS do amendoim (*Arachis hypogaea*) explantes por *Agrobacterium tumefaciens*. *Plant Cell Tissue Organ Cult*. 811: 83-89.

MIX
Papier aus verantwortungsvollen Quellen
Paper from responsible sources
FSC® C105338

Printed by Books on Demand GmbH, Norderstedt / Germany